Florian Freistetter

HAWKING IN DER NUSSSCHALE

Der Kosmos des großen Physikers

Carl Hanser Verlag

1. Auflage 2018

ISBN 978-3-446-26245-4

Illustrationen: © Peter Palm, Berlin
Umschlag: Anzinger und Rasp, München
Motiv: © miakievy/Getty Images
Satz: Satz für Satz, Wangen im Allgäu
Druck und Bindung: GGP Media GmbH, Pößneck
Printed in Germany

FSC
www.fsc.org
MIX
Papier aus verantwortungsvollen Quellen
FSC® C014496

INHALT

PROLOG

Als ich 16 Jahre alt war, stieß ich zufällig auf »Eine kurze Geschichte der Zeit« von Stephen Hawking. Weder hatte ich gezielt danach gesucht, noch hatte ich damals ein besonderes Interesse an der Naturwissenschaft. Aber irgendetwas an dem Buch muss mich spontan angesprochen haben. Noch im Buchladen fing ich an, das erste Kapitel zu lesen. Gekauft habe ich es – mangels Geld – noch nicht. Erst nach ein paar weiteren Besuchen, bei denen ich noch zwei Kapitel gelesen hatte, nahm ich das Buch mit nach Hause (nachdem ich es bezahlt hatte natürlich) und las es dort in einem Rutsch zu Ende.

Ich muss gestehen: Verstanden habe ich nur einen Bruchteil. Damit ging es mir wie vermutlich den meisten anderen Leserinnen und Lesern. Was ich jedoch sofort begriff: Da draußen befindet sich ein faszinierendes Universum, voll mit Objekten, die sich unserem Alltagsverstand komplett entziehen.

Schwarze Löcher etwa, aus denen keinerlei Information entkommen kann und in denen sich anscheinend dennoch Antworten auf die großen Fragen verbergen. Auf die Frage nach dem Anfang des Kosmos und seinem Ende. Auf die Frage nach der Natur der Zeit. Und auf die ultimative Frage, die da lautet: »Warum gibt es etwas und nicht nichts?« Was mich an diesem Buch aber am meisten beeindruckte, war die für mich damals nahezu unbegreifliche Tatsache, dass *all das von Wissenschaftlern erforscht werden kann.*

Originalausgabe von
»Eine kurze Geschichte der Zeit«

Erst durch die Lektüre von Hawkings Klassiker begriff ich: Das Universum in seiner Gesamtheit ist ein Forschungsgegenstand der modernen Naturwissenschaft. Es gibt physikalische Theorien und mathematische Gleichungen, die sich mit seiner Entstehung, seinen Eigenschaften und seiner Entwicklung beschäftigen. Und wenn ich auch damals keine Aussicht hatte, diese Theorien und Gleichungen zu verstehen, war ich gefesselt von der Vorstellung, dass es möglich sein kann, dies zu tun.

Die Lektüre von »Eine kurze Geschichte der Zeit« war der Auslöser dafür, dass ich schließlich Astronomie studierte. Davon konnten mich nicht einmal meine schlechten schulischen Leistungen in Mathematik abhalten. Ich wusste, dass das, was mir mein Lehrer beibrachte (auf ziemlich schlechte und unzureichende Art und Weise, wie ich heute weiß) nicht das war, worum es wirklich ging. Im Unterricht lernte ich nur zu rechnen, und das war langweilig. Daher strengte ich mich dabei nicht sonderlich an. Das hingegen, was ich später auf der Universität während des Astronomie-Studiums lernte, war keine Schulmathematik, sondern die Sprache, in der sich die Natur uns mitteilt. Die Sprache, mit der sich die Geheimnisse des Universums verstehen lassen, und die Sprache, die Stephen Hawking verwendete, als er auf die Suche nach Antworten auf all die großen Fragen ging.

Ich habe mich später allerdings doch nicht auf die Kosmologie (also die Erforschung des Universums als Ganzem) spezialisiert, sondern mich mit der Bewegung von Asteroiden, Planeten und anderen Himmelskörpern beschäftigt. Nie war ich in meiner wissenschaftlichen Arbeit ansatzweise so intensiv mit Schwarzen Löchern, dem Urknall und den Fundamenten der Naturgesetze befasst wie Stephen Hawking. Aber ich habe von ihm gelernt, wie faszinierend das Universum sein kann – und erfahren, wie schön es ist, diese Faszination mit anderen Menschen zu teilen.

Stephen Hawking hat es wie kaum ein anderer Wissenschaftler geschafft, einer großen Öffentlichkeit die Schönheit des Kosmos nahezubringen. Sein ganzes wissenschaftliches Leben hat er sich nicht nur bemüht, Antworten auf die großen Fragen der Menschheit zu finden, sondern vor allem auch, so von seiner Arbeit zu erzählen, dass möglichst viele an ihren Ergebnissen teilhaben können. Dabei spielt es auch keine Rolle, dass die (mathematischen) Details dieser Forschung kaum anschaulich darstellbar und auch ohne langes Studium nicht verständlich sind.

Der geniale Physiker in seinem futuristisch anmutenden Rollstuhl mit seiner durchdringenden Computerstimme hat es wie kein anderer verstanden, die Faszination, Freude und Befriedigung zu vermitteln, die einer Beschäftigung mit dem Universum innewohnen.

Ich selbst habe in meiner wissenschaftlichen Karriere nicht einmal annähernd so große Entdeckungen gemacht wie Stephen Hawking. Aber auch ich bin zutiefst davon überzeugt, dass es wichtig und vor allem äußerst lohnend ist, möglichst viele Menschen an den Erkenntnissen der Wissenschaft teilhaben zu lassen. Wenn ich also im Folgenden versuche, die wichtigsten Ergebnisse von Hawkings Arbeit verständlich zu machen, dann tue ich das in der Hoffnung, dass sie weiterhin möglichst viele Menschen dazu inspirieren werden, sich mit den großen Fragen zu beschäftigen – und mit der Naturwissenschaft, die sich auf die Suche nach den Antworten auf sie macht.

Ich weiß nicht, wie mein Leben verlaufen wäre, wenn ich damals nicht zufällig auf »Eine kurze Geschichte der Zeit« gestoßen wäre. Aber ich bin sehr glücklich darüber, dass mich die Gedanken von Stephen Hawking zur richtigen Zeit erreicht haben und ich seinen Kosmos kennenlernen konnte.

I

DIE SINGULARITÄT

Der Anfang des Universums

Stephen Hawking startete seine wissenschaftliche Karriere mit dem ultimativen Anfang: der Frage nach dem Beginn des Universums. Mir ihr hatten sich jahrhundertelang Philosophen oder Theologen auseinandergesetzt. Im 20. Jahrhundert jedoch beschäftigte sich auch die Naturwissenschaft mit dem Ursprung des Kosmos. Vor allem Albert Einstein lieferte mit seiner Allgemeinen Relativitätstheorie ein Werkzeug, mit dem sich das Universum in seiner Gesamtheit untersuchen ließ. Eines, von dem auch zahlreiche Wissenschaftler Gebrauch machen sollten – unter ihnen der junge Stephen Hawking.

Am 18. Oktober 1966, in dem Jahr, in dem Hawking sein Doktorandenstudium an der Universität Cambridge abschloss, publizierte er einen Artikel mit dem

Der junge Stephen Hawking

Titel »The occurrence of singularities in cosmology« (»Das Auftreten von Singularitäten in der Kosmologie«). Darin ging es um die Vergangenheit unseres Universums und das Problem der »Singularitäten«. Dies hängt wiederum mit Einsteins Raumzeit zusammen, eine von vielen großen Errungenschaften des großen Theoretikers, und etwas, das die Wissenschaftler bis heute intensiv beschäftigt. Vor Einstein hatte man sich an das gehalten, was Isaac Newton zum Thema zu sagen gehabt hatte: Der Raum war der Raum, und die Zeit war die Zeit.

Das eine war unabhängig vom anderen, die Zeit war absolut und verging für alle gleich. Raum und Zeit waren eine Bühne, auf der sämtliche Ereignisse im Universum stattfanden. Einstein räumte mit dieser Vorstellung gründlich auf und demonstrierte, dass die drei Dimensionen des Raums und die eine Dimension der Zeit untrennbar in Form einer vierdimensionalen Raumzeit miteinander zusammenhängen. Wie uns der Raum erscheint und wie wir die Zeit wahrnehmen, hängt, so wissen wir seit Einstein, davon ab, wie schnell wir uns bewegen. Raum und Zeit sind keine absoluten Begriffe, sondern erscheinen jedem Beobachter anders. Einstein machte aus Newtons Bühne für die Naturgesetze ein physikalisches Objekt: Die Raumzeit ist selbst der Physik unterworfen; sie hat Eigenschaften und kann sich verändern. Vor allem ist sie verformbar: Masse und Energie krümmen Raum und Zeit; und die unterschiedliche Stärke der Krümmung nehmen wir als unterschiedlich starke Gravitationskraft wahr.

Das alles ist schon verwirrend genug. Als Wissenschaftler sich aber Einsteins Gleichungen im Detail ansahen, wurde die Angelegenheit noch komplizierter, denn sie stießen auf Singularitäten. Worum es sich dabei handelt, verstand man zuerst bei der Frage nach

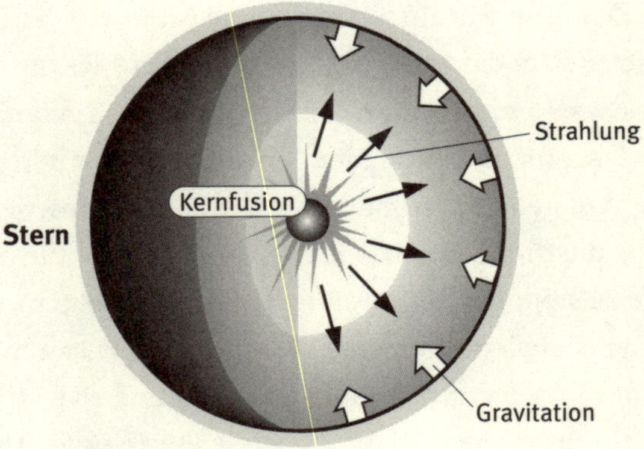

der Entwicklung von Sternen. Diese gewaltigen Kugeln aus heißem Gas führen in ihrem Inneren Kernfusionen durch. Die dabei freigesetzte Energie strahlt nach außen und drückt gegen die Materie des Sterns.

Dieser Strahlungsdruck wirkt der Gravitationskraft entgegen, denn eigentlich will der Stern unter seinem eigenen Gewicht immer weiter in sich zusammenfallen. Wenn ein Stern aber am Ende seines Lebens mangels Material keine Kernfusion mehr durchführen kann, fällt der Strahlungsdruck weg. Jetzt gewinnt die Gravitation die Oberhand, der Stern kollabiert, wird immer kleiner, und das Material, aus dem er besteht, wird immer dichter zusammengedrückt. Dieser Kollaps kann beendet werden, wenn die Atomkerne »dicht an dicht« stehen und die Gravitationskraft der Sternenmasse nicht mehr ausreicht, sie noch weiter zusammenzudrücken. Ist der Stern aber zu massereich, gibt es keine bekannte Kraft, die den Kollaps aufhalten kann. Die Gleichungen der Relativitätstheorie besagen, dass der Stern immer kleiner und immer dichter wird. Am Ende ist die gesamte Materie des Sterns in einem winzigen Punkt vereint. Die Raumzeit um den sterbenden Stern herum wird bei diesem Kollaps immer stärker gekrümmt – bis ihre Krümmung und die Dichte des Sterns irgendwann *unendlich* groß sind und die Ausdehnung des Sterns *unendlich* klein ist. So einen Zustand, in dem physikalische Größen unendlich werden, nennt man »Singularität«.

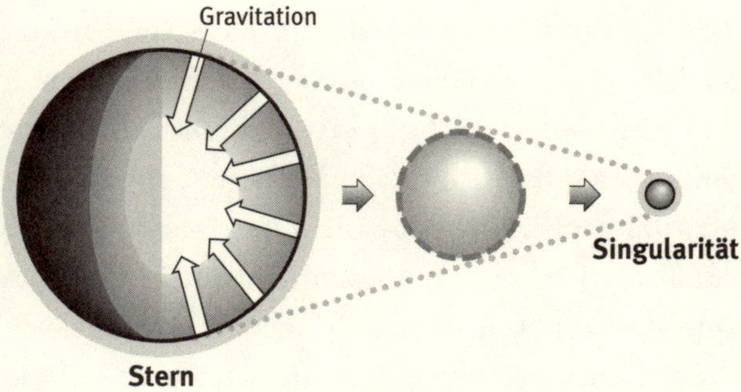

Endet ein Stern so wie eben beschrieben, bezeichnen wir ihn als Schwarzes Loch. Wir können seine Entwicklung aber nicht ganz bis zum singulären Ende verfolgen. Warum ist das so? Weil uns keine Information über dieses Ende mehr erreichen kann: Wenn die Krümmung der Raumzeit während seines Kollapses immer größer wird, entspricht das einer immer stärker werdenden Gravitationskraft. Und je stärker die Gravitationskraft, desto mehr Energie muss man aufwenden, wenn man sich aus der Nähe eines Objekts entfernen will – beziehungsweise desto schneller muss man sein. Um der Anziehungskraft der Erde dauerhaft entkommen zu können, muss man sich beispielsweise mit mindestens 11,2 Kilometer pro Sekunde entfernen. Je stärker die Krümmung des Raums, desto größer wird diese »Fluchtgeschwindigkeit«. Bei einem kollabierenden Stern ist irgendwann der Punkt erreicht, an dem die Fluchtgeschwindigkeit die Lichtgeschwindigkeit erreicht. Man müsste sich also schneller als das Licht bewegen, um sich zu entfernen, und das ist unmöglich. Diese Grenze nennt man »Ereignishorizont«. Er definiert das, was wir von außen als Schwarzes Loch wahrnehmen. Bis zum Ereignishorizont kann man sich einem Schwarzen Loch nähern (und wenn man dann schnell genug ist, also verdammt schnell, auch wieder entfernen). Hinter dem Ereignishorizont jedoch ist man verloren. Deswegen ist alles, was sich hinter ihm befindet, von außerhalb nicht sichtbar. Nichts kann von dort entkommen, und daher wissen wir auch nicht, was tatsächlich dahinter ist. Die Allgemeine Relativitätstheorie besagt, dass der Stern hinter dem Ereignishorizont weiter kollabiert, bis er in einer Singularität endet.

Dennoch ist der Ereignishorizont in der Realität nicht so mysteriös, wie er in der Theorie klingt. Man kann ihn nicht sehen Er ist keine reale Grenze im Raum, keine physische Barriere. Würde man sich einem echten Schwarzen Loch nähern, würde man nichts Besonderes bemerken, wenn man ihn überschreitet. Erst wenn man zurückwill, bekäme man ein Problem. Oder wenn man auf die Singularität selbst träfe.

Den Wissenschaftlern war natürlich klar, dass Singularitäten nicht die Realität beschreiben. Unendlich kleine Objekte können außerhalb der Mathematik nicht existieren. Wenn Singularitäten auftreten, ist das ein Zeichen dafür, dass die benutzte Theorie nicht mehr funktioniert und man sich etwas anderes ausdenken muss. In den 1960er Jahren war man aber noch der Meinung, dass man diese Fälle eventuell einfach ignorieren kann. Man dachte (und hoffte), dass es sich bei den sich aus der Relativitätstheorie ergebenden Singularitäten nur um eine Art mathematische Kuriosität handeln würde, die aus bestimmten vereinfachenden Annahmen bei der Anwendung der Theorie resultierten. Was das bedeutet, kann man an einem weniger mysteriösen Beispiel verstehen: Das »Coulombsche Gesetz« ist eine mathematische Formel, die beschreibt, wie stark die elektrostatische Anziehungskraft zwischen elektrischen Ladungen ist. Ist der Abstand zwischen zwei Ladungen gleich null, dann wird die Anziehungskraft laut der Formel unendlich groß. Auch hier gibt es einen unendlich großen Wert, und auch hier steckt in der Formel eine Singularität. Die entspringt aber einer mathematischen Idealisierung: Im Rahmen dieses Gesetzes werden Teilchen wie zum Beispiel Atome als Punkte beschrieben. Zwei Punkte können sich – mathematisch – durchaus so weit annähern, dass der Abstand zwischen ihnen null beträgt. Reale Teilchen sind aber nie Punkte, also Objekte ohne Ausdehnung. Sondern Teilchen mit einer vielleicht zwar kleinen, aber doch vorhandenen Ausdehnung. Und zwischen realen Teilchen kann der Abstand niemals null werden.

Die Singularität im Coulombschen Gesetz ist tatsächlich nur ein Resultat, das aus den vereinfachten Annahmen bei der Anwendung der Theorie resultiert. Man hoffte nun, dass es bei den Singularitäten in der Relativitätstheorie ebenso sein würde und der Tod von Sternen ohne sie erklärt werden könnte.

Kollabierende Sterne waren allerdings nicht das Thema, mit dem sich Hawking, zu dem wir nun endlich zurückkehren, in seinem Artikel über Singularitäten beschäftigte. Ihm ging es um das große Ganze: das Universum. Er zog Parallelen zwischen kollabierenden Sternen und der Entwicklung des Kosmos.

Beobachtungen von Galaxien, die der amerikanische Astronom Edwin Hubble und seine Kollegen in

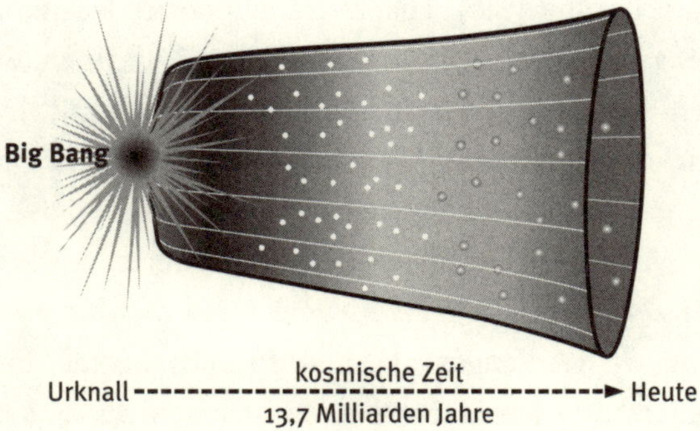

den 1920er Jahren angestellt hatten, zeigten ein dynamisches Universum. Bis dahin hatte man gedacht, der Kosmos sei statisch: er sei immer schon da gewesen und würde immer da sein, ohne Anfang und Ende. Hubble aber entdeckte, dass sich alle Galaxien voneinander fortbewegen. Das Universum expandiert und wird in jedem Augenblick ein kleines Stück größer. Wenn man nun aber nicht in die Zukunft schaut, sondern in die Vergangenheit, dreht sich die Situation um. Je weiter zurück man blickt, desto kleiner war der Kosmos. Aber was passiert, wenn man so richtig weit zurückgeht?

Die Raumzeit wird immer kleiner. Immer mehr Masse drängt sich auf immer kleinerem Raum. Die Situation ähnelt der des kollabierenden Sterns. Und genauso wie man Einsteins Gleichungen verwenden kann, um solche lokal begrenzten Bereiche der Raumzeit zu beschreiben, kann man damit berechnen, wie sich die Raumzeit in ihrer Gesamtheit verhält. Das war es, was Hawking revolutionärerweise als Erster tat, und auch hier stieß er auf Singularitäten.

Wenn das Universum in der Vergangenheit kleiner als heute war, gibt es zwei Optionen für einen möglichen Anfangszustand, stellte Hawking fest. Entweder hatte das Universum einst einen Zustand, in dem seine Dichte einen (sehr großen, aber nicht unendlichen) Maximalwert hatte. Oder man trifft in der Vergangenheit auf eine universale Singularität, also einen Zustand, in dem die gesamte Masse des Universums in einem einzelnen Punkt konzentriert war: mit unendlich hoher Dichte, Temperatur und Raumkrümmung.

Diese verstörende Situation hatten Wissenschaftler schon in den 1920er Jahren in Einsteins Gleichungen entdeckt. Da diese aber unglaublich komplex waren, konnten sie nur gelöst werden, wenn man dabei sehr spezielle Annahmen traf, was die Verteilung der Materie im Universum, seine Symmetrie und so weiter angeht. Die Vermutung – und die Hoffnung – war nun, dass die Singularität aus der Theorie verschwindet, wenn man weniger spezielle und dafür realistischere Annahmen für die Eigenschaften des Kosmos vornimmt.

Genau hier kam nun im Oktober 1966 der große Auftritt von Stephen Hawking. In seinem Artikel fand er allerdings keinen Weg, die Singularität aus der Relativitätstheorie zu eliminieren. Vielmehr zeigte er, dass wir der Singularität gar nicht entkommen können! Er rechnete vor, dass es reicht, nur ganz wenige, sehr vernünftige und realistische Annahmen über das Universum zu treffen – dass die Allgemeine Relativitätstheorie korrekt ist, dass das Universum mindestens so viel Masse enthält, wie man beobachten kann –, um dann immer wieder bei der Singularität zu landen.

Anders gesagt: Stephen Hawking konnte zeigen, dass die Singularität am Anfang des Universums keine mathematische Kuriosität der Allgemeinen Relativitätstheorie ist. Gravitation ist eine Kraft, die immer nur anziehend wirken kann. Unter anderem das wird von der Allgemeinen Relativitätstheorie beschrieben. Wenn man – wie Hawking das in seiner Arbeit getan hat – voraussetzt, dass sie korrekt ist, dann ergeben sich daraus direkt die Singularitäten. Sie lassen sich in der Allgemeinen Relativitätstheorie schlicht und einfach nicht vermeiden, egal wie sehr man sich bemüht. Sie sind fix in die Theorie eingebaut. Wenn man mit ihr arbeitet, muss man sich auch mit den Singularitäten arrangieren.

Wenn man das Universum mit der Einsteinschen Theorie beschreibt, landet man in der Vergangenheit bei einem Zustand, in dem alles in einem einzigen Punkt unendlich hoher Dichte und Temperatur konzentriert war. Dieses Resultat war aus mehreren Gründen bemerkenswert. Einerseits war es eine Bestätigung für die »Urknall«-Hypothese, also die Vorstellung, dass das Universum einen Anfang in der Vergangenheit hat und sich aus diesem Urzustand zum heutigen Kosmos entwickelte. Andererseits war es aber auch ein noch viel deutlicherer Hinweis darauf, dass die klassische Beschreibung der Vergangenheit des Universums mit Einsteins Gleichungen *nicht* immer hinhaut. Denn wenn man weit genug in der Vergangenheit zurückgeht, kommt man zwangsläufig bei einer Singularität an (mit ihren physikalisch unendlichen Größen), bei der die Relativitätstheorie von Albert Einstein eben nicht mehr funktioniert.

Unser Universum wird von der Gravitation dominiert. Und weil das so ist, so konnte Hawking zeigen, findet man in der Relativitätstheorie Singularitäten – insbesondere, wenn man in die Vergangenheit blickt und den Anfang des Kosmos betrachten will. Hawking hat demonstriert, dass das Universum mit einer Singularität begonnen haben muss und damit gleichzeitig, dass wir uns nicht allein auf Albert Einstein verlassen können. Wir müssen uns auf die Suche nach einem anderen Zugang zur Beschreibung des Kosmos machen, wenn wir wirklich verstehen wollen, wie alles angefangen hat. Wir brauchen eine Theorie, die über Einsteins Relativitätstheorie hinausgeht.

Eine Theorie, in der der Urknall keine prinzipiell unverständliche Singularität mehr ist, sondern für uns verstehbar wird. Mit dieser Suche hat Hawking einen großen Teil seines restlichen Arbeitslebens verbracht.

2

GRAVITATIONSWELLEN
Wenn Schwarze Löcher kollidieren

Mit seiner Arbeit über die Singularität am Anfang des Universums wurde Stephen Hawking Ende der 1960er Jahre als Wissenschaftler bekannt und hat maßgeblich zu einem besseren Verständnis des Kosmos beigetragen. In den Jahren danach widmete er sich dann aber intensiv den Objekten, die heute am meisten mit seinem wissenschaftlichen Werk in Verbindung gebracht werden: den Schwarzen Löchern.

Der Weg dorthin führte über ein Phänomen, dass man bei der Vielfalt an Hawkings Themen oft übersieht. 1970 publizierte er gemeinsam mit Gary Gibbons einen Artikel über Gravitationswellen (»Theory of the Detection of Short Bursts of Gravitational Radiation« – »Theorie über die Detektion kurzer Signale von Gravitationswellen«). Auch hier trifft man Hawking wieder im unmittelbaren Spannungsfeld zwischen Isaac Newton und Albert Einstein. Newton hatte in seiner mathematischen Beschreibung der Gravitation noch erklärt, diese Kraft würde sich unendlich schnell ausbreiten. Einstein, der in seiner Theorie die Gravitation als Effekt der Krümmung der Raumzeit beschrieb, war anderer Meinung. Die Krümmung der Raumzeit könne sich nicht unendlich schnell, sondern »nur« mit Lichtgeschwindigkeit ausbreiten. Außerdem beschrieb er, *wie genau* sich Veränderungen in der Krümmung der Raumzeit ausbreiten können.

Gravitationswellen sind mit Lichtwellen vergleichbar. Lassen sich Lichtwellen als sich ausbreitende Veränderungen im elektromagnetischen Feld beschreiben, so kann man Gravitationswellen als sich ausbreitende Veränderungen in der Krümmung der Raumzeit verstehen. Doch sie sind deutlich schwieriger nachzuweisen als elektromagnetische Strahlung. Populärwissenschaftlich wird die Gravitation ja gern als »Gummituch« demonstriert: Unterschiedlich schwere Kugeln, die Planeten oder Sterne darstellen sollen, werden auf ein Gummituch gelegt, das sich dann je nach Gewicht der Kugel unterschiedlich stark krümmt – so wie reale Massen im Universum ja auch die Raumzeit krümmen. Aber die ist in Wahrheit bei weitem nicht so flexibel wie ein Gummituch.

Gravitationswellen werden zwar von allen (beschleunigt) bewegten Massen erzeugt, aber nur bei den extremsten Ereignissen sind die Wellen so stark, dass wir zumindest theoretisch eine Chance haben, sie mit unseren Messinstrumenten nachzuweisen.

Es braucht explodierende Sterne oder kollidierende schwarze Löcher, damit riesige Gravitationswellen-Detektoren wie die des amerikanischen Laser-Interferometer-Gravitationswellen-Observatoriums (LIGO) anspringen. Und tatsächlich geschah das erst 2016, ziemlich genau 100 Jahre nach Einsteins erster Vorhersage des Phänomens.

Denn bei der Suche nach Gravitationswellen standen die Wissenschaftlerinnen und Wissenschaftler vor keiner leichten Aufgabe. Wenn sich eine Gravitationswelle durch das Universum bewegt, wird der Raum selbst von ihr gedehnt und gestreckt. Wenn sie bei ihrem Weg auf die Erde trifft, wird auch die Erde kurzfristig ein wenig länger bzw. kürzer. Obwohl »länger« und »kürzer« hier relativ sind, denn jedes Messinstrument wird ebenfalls entsprechend gestaucht. Um das Phänomen trotzdem nachweisen zu können, hat man sich einer Technik namens »Laserinterferometrie« bedient. Vereinfacht gesagt: Man erzeugt einen Laserstrahl und spaltet ihn mit einem Spiegel in zwei rechtwinklig zueinander auseinanderlaufende Strahlen auf. Nach einer gewissen Strecke werden beide Strahlen jeweils an einem Spiegel reflektiert und laufen zurück zum Ausgangspunkt. Wenn beide Strecken exakt gleich lang sind, kommen beide Strahlen auch zum exakt gleichen Zeitpunkt dort an, da sich beide mit Lichtgeschwindigkeit bewegen. Wenn man nun an diesem Punkt einen Detektor installiert, kann man diesen so einstellen, dass die Strahlen sich dort gegenseitig auslöschen.

Trifft nun aber eine Gravitationswelle auf die Erde, verändern sich die Distanzen. Wenn die Erde in ver-

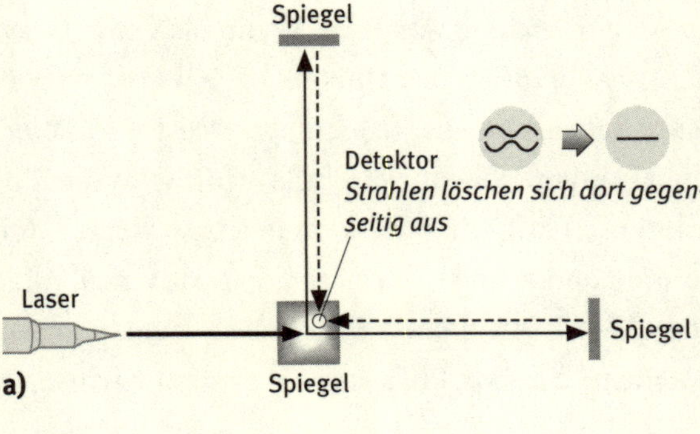

schiedene Richtungen gestreckt und gestaucht wird, wird auch die Strecke, die der Laserstrahl zurücklegt, länger oder kürzer. Da es aber nicht nur einen Laserstrahl gibt, sondern zwei, die sich im rechten Winkel zueinander bewegen, ist die Veränderung bei beiden nicht identisch. Wenn die eine Strecke länger wird, wird die andere kürzer und umgekehrt. Auf jeden Fall führt eine Gravitationswelle dazu, dass die beiden Laserstrahlen nicht mehr gleichzeitig im Detektor ankommen, sich dort nicht mehr auslöschen können, sondern dass sie stattdessen ein Signal erzeugen, das man messen kann.

Die Auswirkungen einer Gravitationswelle sind allerdings minimal. Die Laserstrahlen von LIGO legen beide einen Weg von 4 Kilometern zurück, bevor

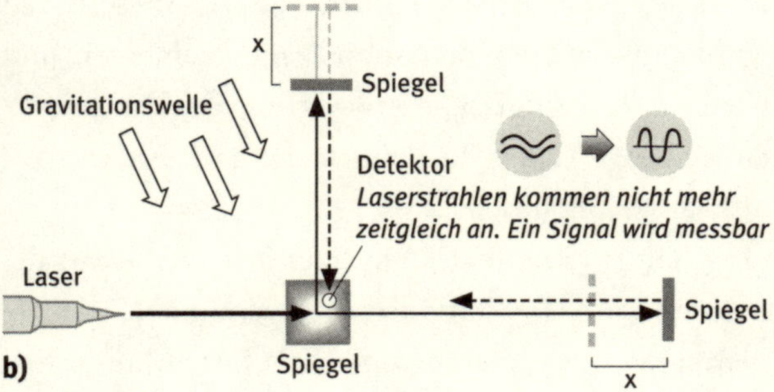

b)

sie reflektiert werden. Die zu messende Längenänderung ist dabei allerdings Tausende Male kleiner als der Durchmesser eines Atomkerns. Diesen winzigen Effekt zu messen erfordert einen gewaltigen technischen Aufwand. Vor allem muss man sicherstellen, dass man wirklich eine Gravitationswelle gemessen hat und nicht irgendetwas anderes, zum Beispiel ein Auto, das gerade an der Anlage vorbeifährt, ein Erdbeben irgendwo auf der Erde, oder eine der vielen anderen Störquellen. Deswegen besteht LIGO aus nicht nur einer Anlage, sondern aus zwei identischen Detektoren, die 3000 Kilometer voneinander entfernt sind. Nur wenn beide exakt das gleiche Signal messen, kann es sich um ein astronomisches Phänomen handeln.

Die Planung, der Bau und das Testen von LIGO dauerten Jahrzehnte, aber am 14. September 2015 zahlte sich die Arbeit endlich aus. An diesem Tag wurden die ersten Gravitationswellen gemessen, und nach einer ausführlichen Auswertung der Daten wurde die Entdeckung schließlich am 11. Februar 2016 offiziell veröffentlicht.

Schon 1958 hatte der Physiker Joseph Webber die Messung von Gravitationswellen verkündet – mit einem sehr viel simpleren Versuchsaufbau. Man ist sich bis heute nicht ganz sicher, ob es sich bei dem, was er damals glaubte registriert zu haben, um einen Messfehler handelte oder ob er wirklich Gravitationswellen detektierte (wobei die Mehrheitsmeinung zu »Messfehler« tendiert). Die theoretische Physik hat sich jedoch mit Webbers Messungen beschäftigt, und auch Hawking spekulierte in dem genannten Artikel von 1970 über Detektionsmethoden, die Klarheit schaffen sollten. Er berechnete, wie stark die Gravitationswellen sein könnten, die bei astronomischen Phänomenen entstehen, und machte Vorschläge, wie entsprechende Detektoren zu bauen seien. Er schlug außerdem vor – so wie es bei LIGO dann auch geschah –, mehrere Detektoren zu bauen, um so herausfinden zu können, wo genau das Signal herkommt.

Ein Jahr später erschien ein weiterer Artikel Hawkings (»Gravitational Radiation from Colliding Black Holes« – »Gravitationswellen von kollidierenden schwarzen Löchern«). Auch er behandelte Gravitationswellen – die Arbeit ging aber weit über die Frage nach ihrer Detektion hinaus. In diesem Artikel veröffentlichte Hawking das, was heute als sein »*Area theorem*« bekannt ist.

Wenn zwei Schwarze Löcher ineinanderstürzen, so wie bei dem Ereignis, das 2016 zum ersten Nachweis von Gravitationswellen führte, dann entsteht dabei ein neues Schwarzes Loch mit einer größeren Masse. Je größer die Masse, desto größer ist auch der Ereignishorizont. Und Hawking wies nach, dass der Ereignishorizont des bei der Verschmelzung entstehenden Lochs immer größer ist als die Summe der Fläche der Ereignishorizonte der beiden einzelnen Löcher.

Er stellte fest, dass Schwarze Löcher bei Kollisionen zwar durchaus Gravitationswellen abstrahlen können. Sie verlieren also Energie, und das Schwarze Loch, das bei der Kollision entsteht, hat weniger Masse als die beiden ursprünglichen Schwarzen Löcher zusammen. Die gesamte Fläche, welche der Ereignishorizont umschließt, kann aber trotzdem nicht schrumpfen. Hawkings mathematische Herleitung zeigte es klar und deutlich: Egal welche physikalischen Prozesse stattfinden, der Ereignishorizont eines Schwarzen Lochs wird niemals kleiner. Das erinnert an eine völlig andere physikalische Disziplin, nämlich die *Thermodynamik*, die Wärmelehre.

Dort gibt es vier fundamentale Aussagen, die sogenannten Hauptsätze der Thermodynamik. Der wichtigste von ihnen ist der zweite Hauptsatz, der sich mit der Entropie beschäftigt. Vereinfacht kann man die Entropie eines Systems als Maß für seine Unordnung beschreiben. Ein Buch etwa ist ein sehr geordnetes System; jede Seite hat genau *einen* korrekten Platz und es gibt genau *eine* Anordnung, in der alle Seiten richtig nummeriert hintereinander liegen. Es gibt dagegen viel, viel mehr Möglichkeiten, die Seiten eines Buches falsch zu ordnen. Würde man nun einen Stapel unsortierter, aber nummerierter Buchseiten in die Luft werfen, ist es äußerst unwahrscheinlich, dass sie in der einzigen korrekten Reihenfolge auf dem Boden landen. Das würde einer Veränderung des Systems entsprechen, bei dem es von einem Zustand hoher Entropie (ungeordnete Seiten) zu einem mit niedriger Energie (geordnete Seiten) übergeht. Viel wahrscheinlicher ist es, dass man irgendeine der vielen anderen ungeordneten Zustände erhält. Möchte man aus dem ungeordneten Zustand einen geordneten machen, muss man Energie in das System »Buch« stecken und die Seiten mit der Hand sortieren. Ansonsten hat man keine Chance, die Entropie zu verringern. Der zweite Hauptsatz besagt, dass die Entropie jedes abgeschlossenen physikalischen Systems niemals abnehmen kann. Vollkommen »abgeschlossene Systeme« existieren dabei jedoch fast nur in der Theorie, beziehungsweise für kurze

Zeiträume. Heißer Kaffee in einer Thermoskanne etwa ist für einige Zeit eine Annäherung an ein geschlossenes System, bei dem keine Energie zwischen dem Inneren und Äußeren der Kanne ausgetauscht wird. Am Ende findet so ein Austausch aber trotzdem statt, und irgendwann ist der Kaffee dann kalt. Das einzige wirklich abgeschlossene System in der Physik ist das Universum in seiner Gesamtheit.

Die Entropie ähnelt der Fläche des Ereignishorizonts eines Schwarzen Lochs. Beide können nie von selbst kleiner werden. Was nun aber zu Problemen führt, ist, dass auch Schwarze Löcher selbst eine Entropie besitzen müssen, sonst würden sie ja den zweiten Hauptsatz verletzen. Um das daraus resultierende Problem zu verstehen, machen wir ein Gedankenexperiment: Wenn wir beim vereinfachten Bild der Entropie, der Unordnung, bleiben, können wir uns ein *wirklich* unordentliches Zimmer vorstellen (und ja, wir könnten es aufräumen – würden dabei aber Energie verbrauchen, müssen uns anstrengen und geben die verbrauchte Energie in Form von Wärme an die Umgebung ab, was die Unordnung der Teilchen in der Luft erhöht und so das bisschen Ordnung durch Aufräumen mehr als ausgleicht). Wir können uns das Aufräumen aber auch sparen und das gesamte Zimmer einfach in ein Schwarzes Loch werfen. Dann wäre die ganze Unordnung, und mit ihr die Entropie, hinter dem Ereignishorizont verborgen und für den Rest des Universums komplett unzugänglich. Wir hätten nun zwar unser Zimmer verloren, aber die Entropie des Universums effektiv verringert, was dem zweiten Hauptsatz der Thermodynamik widerspricht. Ganz schön vertrackt.

1972 fand der theoretische Physiker Jakob Bekenstein einen kreativen Ausweg aus diesem Dilemma. Er nahm die bis dahin nur formale Entsprechung zwischen Ereignishorizont eines Schwarzen Lochs und Entropie wörtlich und *definierte* die Entropie eines Schwarzen Lochs einfach als Fläche des Ereignishorizonts (multipliziert mit ein paar fundamentalen Konstanten). Das war ein unerwartetes Manöver, denn nur weil zwei Formeln einander ähneln, muss das noch keinen echten physikalischen Zusammenhang darstellen. Genau das war aber Bekensteins Vorschlag: Wenn man etwas in ein Schwarzes Loch wirft, wird seine Masse und damit sein Ereignishorizont größer. Wenn man die Fläche des Ereignishorizonts als seine Entropie definiert, dann wird auch sie größer und zwar mindestens so viel größer, dass die hinter dem Horizont verschwundene Entropie ausgeglichen wird. Unser unordentliches Zimmer bleibt zwar weiterhin für immer im Schwarzen Loch verschwunden, aber die Unordnung selbst bleibt dem Universum erhalten – und zwar in Form eines vergrößerten Ereignishorizonts.

Hawking mochte Bekensteins Idee zuerst gar nicht, konnte sich dann aber doch von ihrer Nützlichkeit überzeugen und führte die Analogie zwischen den Eigenschaften Schwarzer Löcher und der Thermodynamik sogar noch ein Stück weiter. Zusammen mit John Bardeen und Brandon Carter publizierte er im Jahr 1973 eine Arbeit mit dem Titel »The four laws of black hole mechanics« (»Die vier Gesetze der Mechanik schwarzer Löcher«). Darin formulierten sie vier Aussagen über Schwarze Löcher, die analog zu den vier Hauptsätzen der Thermodynamik betrachtet werden können.

Neben dem Satz über die Entropie beschreibt ein weiterer Hauptsatz der Thermodynamik die Energieerhaltung: In einem abgeschlossenen physikalischen System muss die Gesamtenergie immer erhalten bleiben. Hawking und seine Kollegen beschrieben einen ähnlichen Zusammenhang für die Gesamtenergie eines Schwarzen Lochs, die sich ebenfalls nicht beliebig verändern könne. Ein weiterer Satz der

Thermodynamik besagt, dass man ein physikalisches System nie auf den absoluten Nullpunkt abkühlen kann; der entsprechende Satz über schwarze Löcher beschreibt eine ähnliche Eigenschaft für die Stärke der Schwerebeschleunigung am Ereignishorizont, die ebenfalls nie verschwinden kann. Und genauso wie sich Temperaturunterschiede eines physikalischen Systems im Laufe der Zeit ausgleichen, bis ein Gleichgewicht erreicht ist, gelte das auch für die gravitative Beschleunigung am Ereignishorizont eines Schwarzen Lochs. Wartet man, bis alle äußeren Störungen abgeklungen sind, müsse die Beschleunigung überall gleich groß sein.

Diese Verbindung zwischen Schwarzen Löchern und Thermodynamik ist faszinierend – aber auch verwirrend. War das jetzt tatsächlich nur eine sehr gut funktionierende formale Entsprechung zwischen mathematischen Formeln? Oder zeigten sich hier tatsächlich fundamentale Zusammenhänge zwischen zwei Phänomenen, die auf den ersten Blick nichts miteinander zu tun haben?

Vor allem aber war da dieses Problem: Bekensteins Gleichsetzung der Fläche des Ereignishorizonts mit der Entropie hatte, zusammen mit Hawkings *Area theorem*, zwar gezeigt, dass Schwarze Löcher die Hauptsätze der Thermodynamik nicht verletzen. Aber wenn Schwarze Löcher *wirklich* Objekte sind, die der Thermodynamik unterliegen, dann müssen sie auch eine Temperatur haben (da ja nichts bis auf den absoluten Nullpunkt abgekühlt werden kann). Und wenn sie eine Temperatur haben, dann müssen sie Wärme beziehungsweise Strahlung abgeben. Das ist aber genau das, was Schwarze Löcher qua Definition *nicht* tun!

Ein ziemlich großes Dilemma, aber eines, aus dem Hawking die Physik mit einer Entdeckung befreien konnte, die bis heute zu seinen bedeutendsten Beiträgen zur theoretischen Physik gehört.

3

DIE HAWKING-STRAHLUNG

Warum Schwarze Löcher nicht so schwarz sind, wie man dachte

Wenn Schwarze Löcher die Gesetze der Thermodynamik nicht verletzen sollen, müssen sie strahlen. Aber diese Objekte heißen ja gerade deswegen »Schwarze« Löcher, weil nichts der Anziehungskraft hinter dem Ereignishorizont entkommen kann. Ein Paradox also und ein unlösbar scheinendes Problem. In einer Arbeit aus dem Jahr 1975 (»Particle creation by black holes« – »Teilchenerzeugung durch Schwarze Löcher«) machte Stephen Hawking allerdings eine wirklich verblüffende Entdeckung.

Er konnte zeigen, dass Schwarze Löcher nicht so schwarz sind, wie man bisher dachte. Der Weg dorthin war durch seine früheren Arbeiten vorgezeichnet.

Als er nachgewiesen hatte, dass Singularitäten eine unvermeidliche Konsequenz der Allgemeinen Relativitätstheorie sind, war gleichzeitig klar, dass diese Theorie unvollständig ist. Wollte man extreme Zustände der Raumzeit wie den Urknall oder eben ein Schwarzes Loch beschreiben, kam man allein mit Einstein nicht weiter. Aber vielleicht bot die Berücksichtigung anderer Theorien eine Möglichkeit, das Problem der Temperatur eines Schwarzen Lochs zu lösen. Genau das versuchte Hawking, als er sich der Quantenmechanik zuwandte.

Hier zeigt sich allerdings ein weiteres Problem dieser Art der Forschung: Es ist fast unmöglich, anschauliche Erklärungen zu finden. Hawkings Arbeit ist rein mathematisch und in vollem Umfang nur dann verständlich, wenn man diese Mathematik beherrscht. Sehr oft ist es möglich, eine anschauliche Entsprechung mathematischer Formeln zu finden. Häufig aber auch nicht. Besonders dann nicht, wenn die Mathematik Phänomene beschreibt, die in unserem Alltag keinerlei Rolle spielen. Wir Menschen haben in unserem täglichen Leben nicht mit extrem gekrümmten Raumzeiten zu tun, wir haben kein intuitives Gefühl dafür, wie sich ein Ereignishorizont auswirkt oder wie sich Elementarteilchen verhalten.

Genau dafür haben wir ja die mathematischen Beschreibungen der Naturwissenschaft entwickelt: um objektiv und nachvollziehbar über Dinge nachdenken zu können, über die wir ohne Mathematik nicht nachdenken könnten.

Die Mathematik in einem Ausmaß zu verstehen, dass man die von ihr beschriebenen Phänomene nachvollziehen kann, ist genauso schwierig, wie zu lernen, eine Fremdsprache fließend zu sprechen. Nicht jeder kann die dafür nötige Zeit aufbringen – trotzdem wollen wir wissen, was Wissenschaftler wie Stephen Hawking über das Universum herausgefunden haben. Die Erkenntnisse der theoretischen Physik in Bilder zu übersetzen, die auch ohne tief greifende mathematische Kenntnisse begriffen werden können, ist schwierig. Man muss vereinfachen, Analogien finden, und man verliert dabei zwangsläufig ein wenig von der eigentlichen Information.

Stephen Hawking hat für die Beschreibung der Strahlung Schwarzer Löcher in »Eine kurze Geschichte der Zeit« ein ziemlich anschauliches Bild gefunden. Es wurde seitdem immer weiter verbreitet, noch weiter vereinfacht, und am Ende steht eine Beschreibung, die man sich zwar gut vorstellen kann – die aber mit dem eigentlichen Phänomen kaum noch etwas zu tun hat. Die übliche, populärwissenschaftliche Erklärung der »Hawking-Strahlung« Schwarzer Löcher klingt daher heute so:

Der leere Raum zwischen den Sternen ist nicht komplett leer. In ihm können sogenannte »virtuelle Teilchen« entstehen. Das klingt zwar komisch, ist aber ganz normal und passiert überall im Universum. Andauernd ploppen Teilchenpaare auf: ein Teilchen aus Materie und eines aus Antimaterie. Die beiden Teilchen existieren nur ganz kurz, eigentlich so kurz, dass sie gar nicht existieren, und sie vernichten sich dann gegenseitig wieder. Diese virtuellen Teilchen kann man zwar nicht direkt beobachten, aber die Auswirkungen ihrer Existenz wurden experimentell nachgewiesen. Wenn diese Teilchen nun aber ihren (metaphorischen) Kopf zufällig gerade am Ereignishorizont eines Schwarzen Lochs aus dem Vakuum stecken, dann kann eines von ihnen diese Grenze überqueren und kommt nicht mehr zurück. Das Partnerteilchen auf der anderen Seite des Ereignishorizonts hat nun niemanden mehr, mit dem es sich gegenseitig vernichten kann, und verschwindet auch nicht wieder, sondern fliegt ins All hinaus, während das andere für immer im Loch bleiben muss. Das ins Loch gefallene Teilchen hat eine negative Energie, weswegen dadurch die Masse des Schwarzen Lochs verringert wird. Von außen sieht man also, wie das Schwarze Loch ein bisschen leichter wird und gleichzeitig ein neues Teilchen von seinem Ereignishorizont hinaus in die Welt fliegt. Das Ergebnis: Das Schwarze Loch »strahlt«, und alles ist im Einklang mit der Thermodynamik.

Diese Erklärung ist der, die Hawking selbst verwendet hat, ziemlich ähnlich. Aber eben nicht ganz. Sie hat den Vorteil, dass man sich ganz gut vorstellen kann, wie das mit der Hawking-Strahlung funktioniert, weswegen sie auch gern verwendet wird (durchaus auch von Wissenschaftlern). Sie hat allerdings auch den großen Nachteil, dass sie das eigentliche Phänomen nur unzureichend bzw. sogar falsch beschreibt. Da ist zum Beispiel die Sache mit der negativen Energie: Warum hat das Teilchen, das ins Loch fällt, eine negative Energie? Was soll »negative Energie« überhaupt bedeuten? Wieso fällt nicht auch einmal ein normales Teilchen mit positiver Energie ins Loch und gleicht die negative Energie wieder aus? Ohne zu verstehen, was da gemeint ist, bleibt das ganze Phänomen unverständlich. Wohl deswegen kann man in vielen populärwissenschaftlichen Büchern auch lesen, dass es immer das Antiteilchen sein muss, das ins Schwarze Loch fällt, und deswegen dessen Masse geringer wird (was tatsächlich eine komplett falsche Erklärung darstellt).

Die Veranschaulichung aus der Feder Stephen Hawkings selbst ist da etwas exakter – wenn auch nicht mehr ganz so simpel und genau genommen ohne viele weitere Erklärungen auch kaum verständlich. Bei der Erklärung der Hawking-Strahlung mit Teilchenpaaren am Ereignishorizont sieht es zum Beispiel immer so aus, als würde diese Strahlung direkt am Horizont entstehen. Das aber ist nicht der Fall. Die mathematische Betrachtung, die bei diesem Phänomen die einzig gültige ist, zeigt, dass die Hawking-Strahlung auch in einiger Entfernung des Ereignishorizonts entstehen kann. Das Schwarze Loch ist quasi in eine »Atmosphäre« aus Hawking-Strahlung gehüllt, und dieses Phänomen lässt sich mit den Teilchenpaaren am Ereignishorizont nicht mehr erklären.

Deswegen ist es vielleicht hilfreich, ein ganz neues Bild zu finden, um Hawkings Entdeckung verständlich zu machen. Dazu müssen zuerst zwei Fragen geklärt werden. Was ist ein Teilchen? Und was ist das Vakuum? Und wie wir sehen werden, folgt die Existenz der Hawking-Strahlung aus der Tatsache, dass es auf diese Fragen keine eindeutigen Antworten gibt.

Fangen wir mit der ersten Frage an. In der Quantenmechanik beschreibt man Teilchen nicht mehr als die »kleinen Kugeln«, als die wir sie uns meist immer noch vorstellen, sondern als Anregungen von Feldern. Man kann sich das ganze Universum durchdrungen von Feldern vorstellen. Zum Beispiel dem elektromagnetischen Feld: Steckt man genug Energie in so ein Feld hinein, kann diese Anregung ein »Teilchen« hervorbringen. Im Fall des elektromagnetischen Feldes wäre das ein Photon, ein Lichtteilchen. Aber es gibt auch »Materiefelder«, also zum Beispiel ein Elektronenfeld, das bei Anregung ein Elektron erzeugt.

Weil aber in der Quantenmechanik das, was wir uns als »Teilchen« vorstellen, eben keine Teilchen sind, sondern Felder, kann man diesen »Teilchen« auch keinen exakten Ort zuordnen. Ganz vereinfacht gesagt: Weil das Feld überall ist, ist auch das Teilchen ein klein wenig überall. Erst wenn wir den Ort eines Teilchens konkret messen, wissen wir, wo es ist. Wenn wir aber den Ort exakt festgestellt haben, führt diese Messung dazu, dass wir nicht sagen können, wie schnell es sich bewegt. Das ist die berühmte »Heisenbergsche Unschärferelation«, nach der es unmöglich ist, gleichzeitig genau Ort und Geschwindigkeit eines Teilchens zu bestimmen. Diese Unschärfe gilt auch in anderen Fällen. So ist es zum Beispiel nicht möglich, gleichzeitig zu bestimmen, wie viel Energie in einem Feld steckt und wie schnell es sich verändert. Oder anders gesagt: Ein Feld kann niemals gleichzeitig komplett weg sein (das entspräche einer Energie von null) und sich im Laufe der Zeit nicht ändern (das entspräche einer Änderungsrate von null). Denn dann würden wir ja beide Werte exakt kennen. Es muss also bei jedem Feld immer ein wenig »Unruhe« geben. Jedes Feld fluktuiert immer ein wenig, mal mit mehr Energie und mal mit weniger. Wenn die Energie bei diesen Fluktuationen nun aber zufällig einmal groß genug wird, kann sie ausreichen, um Teilchen hervorzubringen (denn laut Einsteins berühmter Formel $E = mc^2$ sind Energie und Masse ja quasi das Gleiche).

Solche Teilchen, die im Vakuum entstehen, nennt man virtuelle Teilchen, und sie entstehen immer in Paaren: ein Teilchen und ein Antiteilchen, die sich fast unmittelbar nach ihrer spontanen Entstehung gegenseitig wieder vernichten.

Und damit sind wir auch schon bei Frage 2 angelangt. Weil Teilchen in der Quantenmechanik durch die Anregung von Feldern beschrieben werden, ist das

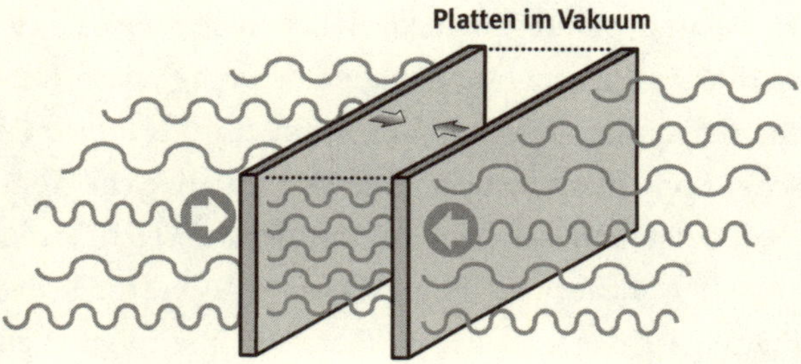

Vakuum nicht einfach »Nichts«, sondern voll mit Feldern, in denen mal mehr und mal weniger Energie steckt, und aus denen mal mehr und mal weniger virtuelle Teilchen entstehen.

Übrigens: Auch wenn diese Teilchen »virtuell« genannt werden, sind sie keine reine Fantasie. Wir wissen, dass es sie gibt, weil ihre Existenz beobachtbare Auswirkungen haben kann. Zum Beispiel den »Casimir-Effekt«: Dieses Phänomen hat der niederländische Physiker Hendrik Casimir 1948 vorhergesagt. Stellen wir uns zwei Platten vor, die sich im Vakuum befinden. Normalerweise würde man erwarten, dass diese Platten einfach dort bleiben, wo sie sind. Wenn das Vakuum »nichts« ist, dann gibt es dort auch nichts, was dafür sorgen kann, dass sie sich bewegen. Aber die Quantenmechanik besagt eben, dass überall im Vakuum ständig virtuelle Teilchen entstehen. Und da die Quantenmechanik ebenfalls besagt, dass Teilchen eigentlich Wellen sind, können im Raum zwischen den Platten nicht einfach irgendwelche Teilchen entstehen, sondern nur die, deren Wellen exakt zwischen die beiden Platten passen. Außerhalb der Platten ist dagegen genug Platz für alle möglichen Teilchen. Anders gesagt: Zwischen den Platten können weniger virtuelle Teilchen entstehen als außerhalb. Dadurch »drücken« mehr Teilchen von außen gegen die Platten als von innen – und es entsteht eine Kraft, durch die die Platten aufeinander zu bewegt werden. Dieser Effekt wurde 1956 das erste Mal tatsächlich im Experiment beobachtet. Und andere quantenmechanische Experimente haben seitdem die Existenz virtueller Teilchen immer wieder bestätigt.

Die Quantenmechanik sagt uns also, dass das Vakuum nicht einfach nur »leer« ist. Sondern es ist voller Quantenfelder, aus denen Teilchen entstehen. Nun wird es Zeit, auch die Relativitätstheorie zu betrachten. Albert Einstein hat nicht nur demonstriert, dass Raum und Zeit miteinander zusammenhängen, sondern auch, dass man den Bewegungszustand eines Beobachters nicht ignorieren darf. Je nachdem, wie schnell und wie stark beschleunigt man sich bewegt, vergeht die Zeit unterschiedlich. Und das hat Auswirkungen auf die Betrachtung des Vakuums. Je mehr Energie in den Feldern im Vakuum steckt, desto mehr Teilchen entstehen dort. Die Menge an Energie hängt aber davon ab, wie wir die Zeit betrachten. Denn es ist ja gerade die schon weiter oben beschriebene »Energie-Zeit-Unschärferelation«, die für die Entstehung der Teilchen aus dem Vakuum verantwortlich ist. Da man nie gleichzeitig exakt wissen kann, wie viel Energie in einem Feld steckt und wie stark sich ein Feld während eines gewissen Zeitraums ändert, müssen die Quantenfelder immer fluktuieren.

Laut Albert Einstein haben Beobachter, die sich in Bezug aufeinander mit unterschiedlichen Beschleunigungen bewegen, einen unterschiedlichen Begriff von Zeit. Daraus folgt aber nun, dass unterschiedliche Beobachter sich nicht einig darüber sind, wie viel Energie im Vakuum steckt! Was man beobachtet, hängt davon ab, wie schnell man sich bewegt. Was für stark beschleunigte Bewegung gilt, gilt aber auch für eine stark gekrümmte Raumzeit. Auch das ist eine der großen Erkenntnisse, die aus der Allgemeinen Relativitätstheorie folgen. Bewegen wir uns durch eine gekrümmte Raumzeit, dann spüren wir Gravitationskräfte. Genau die gleichen Kräfte, die wir aber zum Beispiel auch spüren, wenn wir in einem sich beschleunigenden Auto gegen den Sitz gedrückt werden. Gravitation ist nichts anderes als die Art und Weise, wie wir die Krümmung der Raumzeit wahrnehmen. Und Beschleunigung und Gravitation sind äquivalent.

Bei den Kräften und Beschleunigungen des Alltags halten sich die seltsamen Auswirkungen in Grenzen. Aber in der Nähe eines Schwarzen Lochs laufen die Dinge anders. Hier ist die Raumzeit extrem stark gekrümmt.

Um zu verstehen, was das alles mit der Hawking-Strahlung zu tun hat, muss man sich jetzt noch klarmachen, dass ein Schwarzes Loch kein statisches Objekt ist. Wir stellen es uns ja gern als Ding vor, das da ist oder eben nicht. Aber das ist falsch. Ein Schwarzes Loch ist ein dynamischer Prozess, es beschreibt eine in sich kollabierende Raumzeit. Wenn zuerst kein Schwarzes Loch da ist und dann – weil zum Beispiel ein Stern sein Leben beendet – eines entsteht, so ist das Resultat nicht nur eine extrem gekrümmte Raumzeit, sondern auch und vor allem ein Unterschied zwischen Vergangenheit und Zukunft. Durch diese dynamische Raumzeit bewegen sich zwei Beobachter – der eine in der Vergangenheit, der andere in der Zukunft – nicht mehr im Einklang, sondern sie sind in Bezug aufeinander beschleunigt.

Das aber sorgt für eine unterschiedliche Sicht auf Vakuum, Energie und Teilchen. Der Beobachter in der Vergangenheit, bevor das Schwarze Loch angefangen hat die Raumzeit zu malträtieren, sieht nur ein »normales« Vakuum mit wenig Energie. Der Beobachter in der Zukunft sieht dagegen ein Vakuum mit viel Energie voller Teilchen. Die Hawking-Strahlung ist also quasi das, was das Schwarze Loch aus dem Vakuum gemacht hat, das da war, bevor es entstanden ist.

Die virtuellen Teilchen, die aufgrund der Relativitätstheorie und der Quantenflukuationen im Vakuum in der Nähe einer gekrümmten Raumzeit entstehen, sorgen dafür, dass Schwarze Löcher strahlen. Dieser Effekt ist umso stärker, je stärker die Raumzeit gekrümmt ist. Bei einem Schwarzen Loch mit einer großen Masse und damit auch einem entsprechend großen Ereignishorizont ist die Krümmung allerdings geringer als bei einem kleinen Schwarzen Loch. Zur Veranschaulichung kann man die Erde betrachten: Auch hier ist die Oberfläche gekrümmt, aber da unser Heimatplanet im Vergleich zu uns sehr groß ist, bemerken wir diese Krümmung kaum, und der Erdboden kommt uns flach vor. Die Krümmung der Oberfläche eines sehr viel kleineren Fußballs bemerken wir aber sehr wohl. Schwarze Löcher mit einer großen Masse (und einem großen Ereignishorizont) erzeugen weniger Hawking-Strahlung als kleine Löcher.

Am Ende zeigen sich die Schwarzen Löcher ganz im Einklang mit der Thermodynamik. Sie strahlen mit einer Temperatur, die von ihrer Masse abhängt, und auch wenn ihr Ereignishorizont dabei schrumpft, sorgt die Entropie, die in dieser Strahlung steckt, dafür, dass der zweite Hauptsatz unverletzt bleibt.

Auch diese ausführlichere und nicht mehr ganz so leicht zu verstehende Erklärung ist nur eine Annäherung an die komplette mathematische Beschreibung. Aber das Phänomen an sich ist heute in der Wissenschaft nicht mehr umstritten. Schwarze Löcher sind dank der Hawking-Strahlung nicht so schwarz, wie man bisher dachte. Sie leuchten, zumindest ein ganz klein bisschen. »Leuchten« ist aber in diesem Zusammenhang eigentlich maßlos übertrieben. Die Strahlung eines typischen Schwarzen Lochs ist so enorm gering, dass sie für jedes Messinstrument, das wir uns ausdenken können, unmessbar ist.

Sie sorgt zwar dafür, dass ein Schwarzes Loch im

Laufe der Zeit immer mehr Masse verliert, bis es sich komplett aufgelöst hat (vermutlich, denn was wirklich passiert, wenn ein Schwarzes Loch seinem Ende zugeht, ist noch unbekannt – siehe dazu Kapitel 4). Aber bis das bei einem typischen Schwarzen Loch der Fall ist, muss unvorstellbar viel Zeit vergehen. Denn es gibt ja nicht nur Hawking-Strahlung ab, sondern nimmt auch immer wieder Materie oder Energie auf. Ein paar Atome finden sich immer irgendwo im interstellaren Raum, die auf ihrem Weg durchs All auf einen Ereignishorizont treffen und verschluckt werden. Und selbst wenn nicht, gibt es immer noch die kosmische Hintergrundstrahlung.

Bei dieser handelt es sich quasi um das erste Licht des Kosmos. Als das Universum vor 13,8 Milliarden Jahren in der Singularität des Urknalls seinen Anfang nahm (bzw. als damals das passierte, was wir – wie Hawking ja zeigen konnte – dank der Unzulänglichkeit der Allgemeinen Relativitätstheorie derzeit nur als »Singularität« beschreiben können), war der Kosmos noch viel zu heiß und zu dicht, als dass so etwas wie normale Materie existieren konnte. In der Frühphase des Universums gab es nicht einmal einzelne Atome. Die bestehen normalerweise aus einem Atomkern und einer Hülle aus Elektronen. Die Temperaturen waren damals aber noch so hoch, dass sich die Elektronen viel zu schnell bewegten, um dauerhaft an die Atomkerne gebunden werden zu können. Sie sausten frei durchs Universum, und ihre Anwesenheit behinderte die Lichtteilchen bei ihrer Ausbreitung. Sie wurden ständig von den Elektronen abgelenkt; der Kosmos war eine undurchsichtige Suppe aus Licht und unvollständigen Atomen. Erst als sich alles nach circa 380 000 Jahren so weit abgekühlt hatte, dass die Elektronen sich mit den Atomkernen verbinden konnten, war der Weg frei für das Licht. Seitdem breitet sich diese erste Strahlung im Universum aus, und ein Teil davon ist heute immer noch unterwegs.

Als die beiden Physiker Arno Penzias und Robert Wilson die Existenz dieser Strahlung im Jahr 1965 nachwiesen, war das einer der stärksten Belege für die Urknall-Hypothese. Mittlerweile ist die Strahlung aber stark abgekühlt; sie hat nur noch eine Temperatur von –270 Grad Celsius. Doch sie ist überall im Universum, und ein Teil davon wird von den Schwarzen Löchern geschluckt. Das bisschen Energie der Hintergrundstrahlung reicht problemlos aus, um auszugleichen, was sie durch Hawking-Strahlung verlieren.

Damit sich die Masse eines Schwarzen Lochs durch die Produktion von Hawking-Strahlung tatsächlich verringern kann, muss also erst einmal die kosmische Hintergrundstrahlung deutlich schwächer werden, als sie jetzt ist. Das aber dauert: Je weiter das Universum sich ausdehnt, desto kühler wird die Hintergrundstrahlung. Und erst in ferner Zukunft wird sie schwach genug sein, damit Schwarze Löcher beginnen können, sich aufzulösen. Bis ein typisches Schwarzes Loch verschwunden ist, dauert es knapp 10^{68} Jahre (hundert Undezillionen Jahre, eine 1 gefolgt von 68 Nullen). Das ist so lang, dass man sich nichts darunter vorstellen kann – so unvorstellbar lang, dass man die bisherige Lebensdauer des Universums von 13,8 Milliarden Jahren getrost als Wimpernschlag beschreiben kann. Es besteht daher auch so gut wie keine Chance, die Auflösung eines Schwarzen Lochs und damit die Existenz der Hawking-Strahlung direkt zu beobachten. Zumindest die Strahlung, die von Schwarzen Löchern erzeugt wird, die beim Kollaps von Sternen entstehen.

Theoretisch könnte es auch kleinere Schwarze Löcher geben. Sie könnten entstanden sein, als es im ganz frühen Universum noch nichts anderes gab als einen »Brei« aus Energie und Elementarteilchen. Regionen, in denen aufgrund der quantenmechanischen Schwankungen eine erhöhte Massen- bzw. Energiedichte geherrscht hat, hätten damals zu einem Schwarzen Loch kollabieren können.

Diese mikroskopisch kleinen Schwarzen Löcher können eine winzige Masse haben, die dem eines Elementarteilchens entspricht. Sie können aber auch schwerer sein und etwa »nur« so viel wiegen wie ein kleines Gebirge. Solche Schwarzen Löcher lösen sich schneller auf als die, die aus Sternen entstehen, und geben mehr Hawking-Strahlung ab. *Wenn* es sie gibt, könnten sie bei ihrer endgültigen Auflösung große Mengen an hochenergetischer Strahlung freisetzen. Falls das wiederum irgendwo in unserer Milchstraße geschieht, sollte man so etwas theoretisch mit passenden Teleskopen beobachten können. Bis jetzt ist das allerdings noch nicht geschehen.

Noch kleinere Schwarze Löcher könnten unter Umständen bei Experimenten mit Teilchenbeschleunigern erzeugt werden, wo ja ebenfalls Teilchen mit großer Energie zur Kollision gebracht werden. Diese Mini-Löcher wären, das muss betont werden, komplett ungefährlich, da sie dank ihrer geringen Masse und der starken Hawking-Strahlung in Sekundenbruchteilen zerfallen. Den Zerfall könnte man allerdings in den Detektoren der Teilchenbeschleuniger beobachten. Auch das ist bis jetzt noch nicht passiert, und vermutlich bräuchte man deutlich größere Beschleuniger, um solche Beobachtungen anstellen zu können. Dieser fehlende experimentelle Nachweis der Hawking-Strahlung ist wahrscheinlich auch der Grund, weswegen Stephen Hawking für seine Arbeit nie mit einem Nobelpreis ausgezeichnet wurde.

Aber er hat gezeigt, zu welch erstaunlichen Erkenntnissen man kommt, wenn man die Quantenmechanik mit der Relativitätstheorie kombiniert. In seiner ersten Arbeit über Singularitäten hatte Hawking demonstriert, dass man mit der Relativitätstheorie allein nicht weiterkommt und in Situationen wie dem Urknall oder der Beschreibung von Schwarzen Löchern auf Probleme stößt. Ein paar dieser Probleme konnte er selbst lösen, indem er die Quantenmechanik einsetzte. Diese neben der Relativitätstheorie zweite große Theorie der modernen Physik ist enorm erfolgreich, wenn es darum geht, die Welt von Atomen und Elementarteilchen zu beschreiben. Aber die Quantenmechanik ist eine Theorie ohne Gravitation. Diese fundamentale Kraft der Natur taucht dort nicht auf. Hawking kombinierte quantenmechanische Effekte mit den Auswirkungen der Allgemeinen Relativitätstheorie und fand so die nach ihm benannte Strahlung. Seine theoretische Beschreibung war aber weit davon entfernt, eine komplette Zusammenführung von Quantenmechanik und Relativitätstheorie zu sein. Genau das braucht man jedoch, wenn man verstehen will, was in Schwarzen Löchern wirklich passiert oder wie man sich den Urknall wirklich vorstellen muss. Und was diese beiden Fragen angeht, gibt es noch jede Menge zu verstehen.

4

DAS INFORMATIONS-PARADOXON

Hinter dem Ereignishorizont geht's weiter

Mit der Hawking-Strahlung hat Stephen Hawking ein großes Problem gelöst und maßgeblich zum Verständnis Schwarzer Löcher beigetragen. Komplett verstanden sind diese faszinierenden Objekte damit aber noch lange nicht. Eine weiterhin offene Frage basiert allerdings gerade darauf, dass es auf den ersten Blick nicht viel über Schwarze Löcher zu verstehen gibt.

Es geht um das »Keine-Haare-Theorem«, das in aller Kürze und wohl wenig überraschend besagt: »Schwarze Löcher haben keine Haare«. Das Theorem stammt von dem amerikanischen Physiker John Wheeler, der damit ausdrücken wollte, wie unkompliziert Schwarze Löcher sind: Haare muss man waschen, kämmen, schneiden, frisieren, und es gibt jede Menge möglicher Frisuren. Mit der Wahl unserer Haartracht können wir Menschen uns individualisieren (vorausgesetzt man hat noch ausreichend Haare auf dem Kopf). Schwarze Löcher dagegen können das nicht. Es ist vollkommen egal, aus welchem Material sie entstanden sind. Es ist auch egal, wie komplex die Materie ist, die hinter ihrem Ereignishorizont verschwindet. Wenn man einen 80 Kilogramm schweren Menschen in ein Schwarzes Loch wirft, ist der Mensch

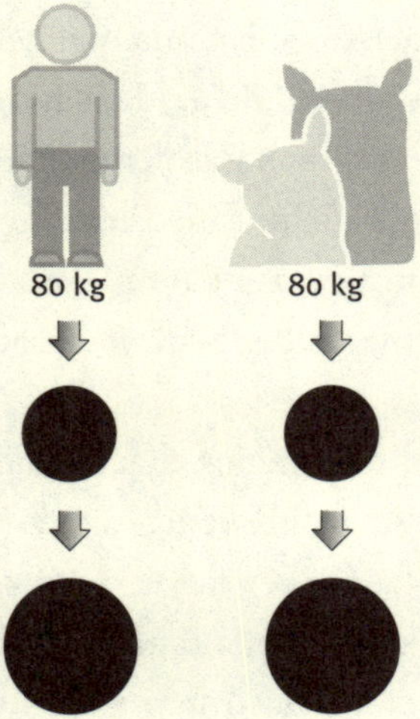

weg, und die Masse des Schwarzen Lochs ist um 80 Kilogramm gestiegen. Wenn man einen 80 Kilogramm schweren Zementsack in das Loch schmeißt, ist das Resultat absolut identisch. Zwischen einem Menschen und einem Zementsack besteht ein großer Unterschied. Sind aber beide erst einmal hinter dem Ereignishorizont des Schwarzen Lochs verschwunden, ist dieser Unterschied nivelliert.

Die Untersuchungen, die Stephen Hawking und Roger Penrose zum Kollaps Schwarzer Löcher durchgeführt haben, zeigen klar, dass es völlig einerlei ist, welche Eigenschaften die Materie hat, die irgendwann zu einem Schwarzen Loch kollabiert. *Ist* es einmal kollabiert und *hat* sich ein Ereignishorizont gebildet (und ist es stationär, d.h. im Ruhezustand, in dem alle anderen Einflüsse und Schwingungen abgeklungen sind), dann können wir von außen nur noch wahrnehmen, welche Masse es hat, welche elektrische Ladung und was für einen Drehimpuls. Ein Schwarzes Loch hat exakt diese drei Eigenschaften, mehr kann man darüber nicht wissen. Es hat »keine Haare«, es gibt keine Möglichkeit, einzelne Schwarze Löcher zu »individualisieren«. Hawking und Penrose scheinen damit das »Keine-Haare-Theorem« zu belegen – obwohl die Formulierung

»Keine-Haare-Vermutung« passender wäre. Mathematisch bewiesen ist das Theorem nur unter sehr speziellen Voraussetzungen. In der Wissenschaftsgemeinschaft ist man sich nicht einig, ob Schwarze Löcher auch ganz allgemein wirklich so ununterscheidbar sind, wie sie erscheinen. In manchen Hypothesen zur Vereinheitlichung von Quantenmechanik und Relativitätstheorie funktioniert das Theorem nicht mehr, zum Beispiel in denen, die ein Universum von mehr als nur drei Raumdimensionen voraussetzen. Da aber bis jetzt niemand weiß, ob diese Hypothesen richtig sind oder nicht, lässt sich auch über die Allgemeingültigkeit des Keine-Haare-Theorems wenig sagen. Sollten Schwarze Löcher aber tatsächlich keine Haare haben, hätte man wieder einmal ein Problem. Dann könnte Information in einem Schwarzen Loch zerstört sein, und das darf nicht passieren.

Stellen wir uns vor, ich würde ein Buch verbrennen. In der Praxis erhalte ich einen Haufen Asche, jede Menge Rauch, und alle Information, die sich im Buch befand, ist verloren. Das ist praktisch zwar richtig, theoretisch aber nicht ganz. Denn ich *könnte* im Prinzip aufzeichnen, wie sich all die einzelnen Asche- und Rauchteilchen bewegt haben, den Prozess dann umkehren und so aus der Asche wieder das ursprüngliche Buch erzeugen. Das wäre natürlich viel zu kompliziert, um es tatsächlich durchzuführen. Aber in der Theorie würde es funktionieren, denn die bekannten Gesetze der Physik sind alle zumindest im Prinzip *reversibel*. Sie bevorzugen keine bestimmte Richtung, was die Zeit angeht. Durch die Verbrennung habe ich die Information im Buch zwar massiv verändert, aber nicht zerstört.

Das gilt auch in der Quantenmechanik. Die ist zwar, wie im letzten Kapitel vorgeführt, voll mit »Unbestimmtheiten«, aber trotzdem *deterministisch*. Das heißt: Hat man eine Wellenfunktion (das sind die abstrakten, mathematischen Objekte, mit denen die Quantenmechanik Teilchen beschreibt), dann ist der zukünftige Zustand der Wellenfunktion durch den gegenwärtigen Zustand bestimmt. Und man kann die mathematische Operation, mit der man die zukünftige Entwicklung der Wellenfunktion berechnet, auch wieder umkehren. Auch hier gilt also: Information kann nicht zerstört werden.

Was aber, wenn ich ein Buch in ein Schwarzes Loch werfe? Dann verschwindet es hinter dem Ereignishorizont und kommt von dort nie mehr zurück. Diese Entwicklung lässt sich nicht mehr umkehren.

Ein Schwarzes Loch scheint Information zerstören zu können, und das widerspricht den Fundamenten der bekannten Physik.

Man könnte sich damit trösten, dass das Buch zwar für uns nicht mehr erreichbar, aber zumindest, hinter dem Ereignishorizont, noch da ist, und mit ihm auch die Information. Der Ereignishorizont eines Schwarzen Lochs ist aber nicht einfach nur ein »Vorhang«, der verbirgt, was sich dahinter befindet. Er existiert, weil sich dahinter eine extrem verformte Region der Raumzeit befindet (wäre das nicht so, gäbe es auch keinen Ereignishorizont). Die Materie, aus der das Schwarze Loch besteht, muss so enorm stark komprimiert worden sein, dass sie quasi nur noch ein unvorstellbar dichter »Punkt« von Materie ist. Das Buch wird in dieser extremen Raumzeit zwangsläufig in sämtliche Bestandteile aufgespalten und Teil dieses extremen Materiezustands.

Von außen kann man nur beobachten, wie schwer das Schwarze Loch ist, welche elektrische Ladung es hat und wie groß sein Drehimpuls ist. Mit diesen drei Eigenschaften allein hat man keinerlei Chance herauszufinden, welche Materie sich hinter dem Ereignishorizont befindet. Die Frage, die sich nun stellt, lautet: Kann man die Information, die im Schwarzen Loch verschwunden ist, vielleicht doch irgendwie rekonstruieren?

Stephen Hawking konnte ja zeigen, dass auch Schwarze Löcher Strahlung abgeben. Sie lösen sich zudem, wenn auch nur sehr, sehr langsam, auf. Wenn das Schwarze Loch also nach unvorstellbar langer Zeit verdampft ist, kommt dann das Buch wieder zum Vorschein? Nein. Denn das wurde ja erstens zerstört. Und zweitens versteckt sich die Materie nicht einfach hinter dem Ereignishorizont und wartet ab, was passiert. Wenn es Hawking-Strahlung abgibt, dann wird dadurch die Masse des Lochs immer kleiner. Ob diese Masse am Ende komplett verschwindet oder doch noch irgendetwas übrig bleibt, ist derzeit unbekannt. Aber das Buch würde auf jeden Fall nicht mehr rekonstruiert werden können.

Hier könnte die Hawking-Strahlung jedoch die Rolle spielen, die Rauch und Asche bei der Verbrennung des Buchs gespielt haben. Eine genau Analyse der Rückstände der Verbrennung lässt zumindest theoretisch eine Rekonstruktion des Buchs und der in ihm enthaltenen Informationen zu. Könnte man die Hawking-Strahlung extrem genau beobachten, würde man dort vielleicht Variationen entdecken, die davon abhängen und darauf hinweisen, welche Art von Materie im Loch verschwunden ist?

Mit dieser Frage hat sich Stephen Hawking lange beschäftigt, und seine erste Antwort lautete wieder »Nein!«. Denn wenn das »Keine-Haare-Theorem« richtig ist, dann ist es egal, *wie* die Materie ursprünglich beschaffen war, aus der das Schwarze Loch entstanden ist. Am Ende bleibt ein Ding mit genau drei Eigenschaften übrig und nicht mehr. Deswegen muss auch die Hawking-Strahlung rein »thermisch« sein, also komplett unabhängig vom Material, das hinter den Ereignishorizont fällt. Selbst wenn es technisch möglich wäre, die Hawking-Strahlung Schwarzer Löcher zu beobachten, würden wir keine Information finden, die etwas mit dem verlorenen Buch zu tun hat. So der frühe Hawking.

Er war anfangs also davon überzeugt, dass Schwarze Löcher tatsächlich Informationen zerstören können. Andere Physiker waren anderer Meinung. Das konnten sie auch sein, denn es gab damals keine Theorie (und die gibt es heute immer noch nicht), die Quantenmechanik und Relativitätstheorie vereint und so ein umfängliches Verständnis Schwarzer Löcher ermöglicht. Was es gab und gibt, sind jede Menge Hypothesen darüber, wie so eine umfassende

Theorie aussehen könnte. Und je nachdem, welcher Hypothese man anhängt, kann man damit das Informationsparadoxon auflösen oder nicht.

Eine der favorisierten Auflösungen dieses Informationsparadoxons trägt den schönen Namen *anti-de Sitter/conformal field theory correspondence* oder kurz *AdS/CFT correspondence* (Anti De-Sitter/Konforme Feldtheorie-Korrespondenz, eine Übersetzung ins Deutsche, die die Sache auch nicht besser macht). Mit diesem Wortungetüm kann man wunderbar auf Partys angeben (oder die Leute verschrecken, je nach Publikum). Zu erklären, worum es sich dabei genau handelt, würde den Rahmen dieses kurzen Buchs aber definitiv sprengen. Sehr vereinfacht gesagt, geht es um eine »Dualität«. Also um zwei unterschiedliche Theorien, die beide das gleiche Phänomen beschreiben, aber aus verschiedenen Blickwinkeln. Man kann es mit der Anwendung von zwei Werkzeugen vergleichen: Wenn man ein Problem mit dem einen Werkzeug nicht lösen kann, dann funktioniert es vielleicht mit dem anderen. Bei der AdS/CFT-Dualität hat man es einerseits mit einer *Quantenfeldtheorie* zu tun, also der Art von Theorie, mit der wir aktuell Elementarteilchen und Kräfte zwischen den Teilchen beschreiben. Das zweite Werkzeug besteht aus gleich mehreren Theorien, die aus Hypothesen zu einer Vereinigung von Quantenmechanik und Relativitätstheorie stammen. Zwischen diesen beiden Beschreibungen der Welt scheint es Ähnlichkeiten zu geben, und wenn beide Ansätze einander tatsächlich entsprechen, kann man daraus auch Aussagen über den etwaigen Informationsverlust in Schwarzen Löchern treffen. Dann könnte man aus dieser Dualität zum Beispiel ableiten, dass die Hawking-Strahlung eben doch nicht exakt gleichförmig ist, sondern minimale »Quantenschwankungen« aufweist, mit denen man die Informationen über das hinter dem Ereignishorizont verschwundene Material rekonstruieren kann.

Hawking selbst hat sich ebenfalls mit dieser AdS/CFT Korrespondenz beschäftigt und änderte seine Meinung, was das Informationsparadoxon angeht. Im Juli 2004 kam er zu dem Schluss, dass Information in Schwarzen Löchern *nicht* vollständig zerstört wird, wodurch er eine Wette verlor, die er zuvor zu diesem Thema abgeschlossen hatte. 1997 hatte er gemeinsam mit seinem Kollegen Kip Thorne gegen den Physiker John Preskill gewettet, dass die Lösung des Informationsparadoxons nur durch eine Korrektur der Quantenmechanik erfolgen könne, da die Hawking-Strahlung selbst keine Information aus dem Inneren des Schwarzen Lochs vermitteln kann. Preskill dagegen war überzeugt, dass die Quantenmechanik eine Informationsübermittlung durch die Hawking-Strahlung ermöglicht und das Paradoxon stattdessen durch eine Veränderung der Allgemeinen Relativitätstheorie erfolgen muss. Die Erkenntnisse aus der AdS/CFT-Korrespondenz brachten Hawking dazu, Preskill recht zu geben, der dadurch stolzer Gewinner einer Baseball-Enzyklopädie wurde. Hawking merkte dazu später an: »Ich habe John eine Baseball-Enzyklopädie gegeben, aber vielleicht hätte ich [sie verbrennen und] ihm nur die Asche geben sollen.«

Beendet ist dieses Thema damit aber noch lange nicht. Das Informationsparadoxon gehört zu den faszinierenden offenen Fragen, die Stephen Hawking der Welt hinterlassen hat. Es gibt immer noch keine Theorie, die uns eindeutig sagt, wie ein Schwarzes Loch funktioniert und was mit Informationen passiert, die hinter einem Ereignishorizont verschwinden. An Hypothesen mangelt es wie gesagt nicht. Vielleicht wird Information doch einfach zerstört? Es mag unserem menschlichen Sinn für Ästhetik widersprechen, wenn wir akzeptieren, dass Information schlicht und einfach verschwinden kann. Aber das Universum ist nicht verpflichtet, uns zu gefallen.

Vielleicht bleibt aber auch nach Auflösung des Schwarzen Lochs etwas übrig, irgendein seltsames Quantenobjekt, das wir uns mit den heutigen Theorien noch gar nicht vorstellen können, das aber all die Informationen über die Materie gespeichert hat, die ins Loch gefallen ist. Oder die Informationen landen einfach in einem Paralleluniversum? Wirklich verstehen wir das Informationsparadoxon erst, wenn wir auch eine Theorie haben, die uns sagt, was es tatsächlich mit der Singularität auf sich hat, die sich hinter dem Ereignishorizont befindet. Dieses Vermächtnis Hawkings wird uns noch sehr lange beschäftigen …

5

VOR DEM URKNALL

In den endlosen Weiten der euklidischen Raumzeit

Nach dem Erfolg, den die Verbindung von Relativitätstheorie und Quantenmechanik bei den Schwarzen Löcher gebracht hatte, wandte Stephen Hawking dieses Rezept 1983 auch auf die große Singularität an, auf die er zu Beginn seiner Karriere gestoßen war. Denn der Moment des Urknalls war immer noch völlig unverstanden. Mit den existierenden wissenschaftlichen Theorien lässt sich die Entwicklung des Universums sehr gut beschreiben. Man kann damit weit zurück in die Vergangenheit blicken, 13,8 Milliarden Jahre zurück – bis fast zu dem Moment, an dem die Singularität, also der Urknall, auftrat. Kurz danach wurde der Kosmos für uns beschreibbar, und man kann berechnen, wie sich das Universum von seinem anfänglichen Zustand aus entwickelt hat. Die Vorhersagen die man aus diesen Theorien gewinnt, stimmen alle sehr gut mit dem überein, was man auch tatsächlich beobachtet. Die in Kapitel 3 bereits erwähnte kosmische Hintergrundstrahlung sieht in der Beobachtung genau so aus, wie die Theorie sie vorhersagte. Die Mengen der chemischen Elemente im Universum sind genau so groß, wie sie laut den Berechnungen sein sollen. Natürlich gibt es noch jede Menge offener Fragen, was die Entwicklung des Universums angeht.

Zum Beispiel die Frage nach der Existenz der Materie. Warum gibt es heute im Universum so viel mehr Materie als Antimaterie? Laut den theoretischen Modellen sollten am Beginn des Kosmos Materie und Antimaterie in gleicher Menge entstanden sein und hätten sich dann eigentlich gegenseitig auslöschen müssen. Das Universum wäre dann voll mit Energie gewesen, aber ohne Materie. Offensichtlich muss es aber irgendeinen Unterschied zwischen Materie und Antimaterie geben und einen Prozess, der die eine Art gegenüber der anderen bevorzugt. Den haben wir aber noch nicht verstanden. Ebenso offen ist die Frage nach der kosmischen Inflation. Das Urknall-Modell sieht vor, dass sich der gesamte Kosmos sehr kurz nach seiner Entstehung während eines extrem kurzen Zeitraums extrem stark ausgedehnt hat – unvorstellbar viel schneller, als er es davor oder danach getan hat. Bis jetzt gibt es zwar viele gute Hinweise, aber noch keine konkreten und zweifelsfreien Beobachtungen, die diese Phase im jungen Universum belegen können (die könnte aber bald angestellt werden, denn damals müssen auch Gravitationswellen erzeugt worden sein, die man mit zukünftigen Detektoren eventuell noch nachweisen kann). Ein weiteres großes Rätsel ist die Natur der »Dunklen Materie«: Seit fast 100 Jahren beobachten wir, wie sich Sterne und Galaxien im Universum auf eine Art und Weise bewegen, die nicht nur durch die Gravitationskraft der sichtbaren Materie erklärt werden kann. Es muss eine zusätzliche Ursache von Gravitationskraft geben und vermutlich eine noch unbekannte Art von Materie, die bis jetzt aber noch nicht identifiziert oder direkt im Experiment nachgewiesen werden konnte. Ebenfalls »dunkel« ist die »Dunkle Energie«, die aber mit der »Dunklen Materie« nur dem Namen nach zu tun hat. Völlig überraschend beobachteten die Astronomen 1998, dass die Rate, mit der das gesamte Universum sich ausdehnt, immer schneller wird. Dafür muss es einen Grund geben, der aber noch völlig unbekannt ist. Es bleibt also noch genug zu tun für Physiker und Astronomen – aber immerhin sind wir nicht mehr völlig ahnungslos, was die Entwicklung des Universums angeht.

Aber natürlich will man den Kosmos nicht erst kurz nach dem Urknall verstehen. Man will bis ganz zum Anfang selbst und vielleicht sogar darüber hinaus. Was war vor dem Urknall?

Diese zwischen Wissenschaft, Religion und Philosophie stehende Frage hat die Menschheit schon beschäftigt, als sie noch gar nichts vom Urknall wusste. Am Anfang standen religiöse Schöpfungsmythen, die mit Wissenschaft nichts zu tun hatten, aber zumindest gute Geschichten erzählten. Die christliche Variante, bei der das Universum einfach durch den Willen Gottes in die Welt gerufen wird, ist dabei fast noch die langweiligste. In der nordischen Mythologie entstand die Welt, als die ersten Götter den Riesen Ymir töteten und aus seinem Fleisch die Erde, aus seinem Blut das Meer, aus den Knochen die Gebirge und aus seinen Haaren die Bäume machten. Der Schädel wurde zum Himmel und das Gehirn formte die Wolken. Im japanischen Shintoismus entstand die Welt durch die Urgötter Izanagi und Izanami, die mit einer himmlischen, von Juwelen besetzten Lanze im chaotischen Urmeer herumrührten. Salz, das dann von der Lanze tropfte, formte das erste Land, auf dem sie einen Palast errichteten, um darin zu heiraten. In der darauffolgenden Hochzeitsnacht zeugten Izanagi und Izanami dann die diversen Inseln des japanischen Archipels. Beim Schöpfungsmythos der zentralafrikanischen Kuba-Föderation ist es der Riese Mbombo, der zuerst Sonne, Mond und Sterne erbrach und danach die Vorfahren aller Tiere und Menschen; in der altägyptischen Kosmogonie von Heliopolis erschuf sich dagegen der Lichtgott Atum zuerst einfach selbst und brachte dann per Masturbation die Luft- und Feuergötter Shu und Tefnut hervor.

Als die Menschen sich dann beim Verständnis der Welt von der Religion ab- und der Wissenschaft zuwandten, ließen sie die Frage des Anfangs zuerst außen vor. Noch bis in die erste Hälfte des 20. Jahrhunderts hinein ging man mehrheitlich davon aus, dass es schlicht und einfach keinen Anfang gibt: Das Universum war immer schon, und es wird immer sein.

Selbst Albert Einstein, aus dessen Relativitätstheorie später die moderne Vorstellung vom Urknall folgte, war ein Verfechter solch eines statischen Universums. Er misstraute sogar den Gleichungen seiner eigenen Theorie, nach denen das Universum nicht statisch sein konnte. Er modifizierte die Formeln, um das zu »korrigieren«, und hätte er das nicht getan, hätte er die späteren Beobachtungen von Edwin Hubble vorhersagen können (und wäre noch ein Stück berühmter geworden, als er es ohnehin schon war). Denn Hubble (gemeinsam mit seinen Kollegen Vesto Slipher und Milton Humason) beobachtete in den 1920er Jahren genau das, was Einstein nicht wahrhaben wollte: Alle Galaxien bewegen sich voneinander fort, und zwar umso schneller, je weiter sie voneinander entfernt sind. Oder anders gesagt: Das Universum expandiert. Und wenn es expandiert und demnach in der Zukunft größer sein wird als in der Gegenwart, dann muss es in der Vergangenheit kleiner gewesen sein als heute.

Dieser Befund und eine Analyse der Einsteinschen Gleichungen brachte den belgischen Physiker (und Theologen) Georges Lemâitre dazu, einen heißen, dichten Anfangszustand des Universums zu postulieren. Am Anfang, so Lemâitre, sollte die gesamte Materie in einem »Uratom« oder »kosmischen Ei« konzentriert gewesen sein, aus dem das heutige Universum hervorbrach und sich seitdem ausdehnt. Das Konzept klang für die Ohren der meisten Physiker zwar verdächtig nach der christlichen Schöpfungsgeschichte, aber die Beobachtungen und vor allem Einsteins Relativitätstheorie waren eindeutig. Das Universum ist nicht statisch, sondern dehnt sich aus. Selbst Einstein zog seine »Korrekturen« wieder zurück (die er später sogar als »die größte Dummheit meines Lebens« bezeichnet haben soll). In den folgenden Jahrzehnten gab es immer genauere Theorien und Beobachtungen, und spätestens als Arno Penzias und Robert Wilson 1964 die von der Urknall-Theorie vorhergesagte kosmische Hintergrundstrahlung entdeckten, war die Mehrheit der Wissenschaftler von ihrer Gültigkeit überzeugt. Nur was den ultimativen Anfang selbst anging, wusste man eigentlich immer noch genauso viel (oder wenig) wie zur Zeit der mythologischen Schöpfungsgeschichten. Was aber nichts an der fundamentalen Bedeutung und dem nicht schwindenden Interesse der Menschen an der Antwort auf die Frage »Was war vor dem Urknall?« änderte.

Nur, wie Hawking in seiner ersten wichtigen Arbeit gezeigt hatte: Zwischen uns und einer möglichen Antwort steht eine Singularität. Im Moment des Urknalls selbst brechen die existierenden Theorien zusammen. Was immer auch damals passiert ist – mit der Allgemeinen Relativitätstheorie ist es nicht zu verstehen.

Eine Lösung erhoffte sich Hawking wie gesagt auch hier durch die Berücksichtigung der Quantenmechanik. Wenn er es irgendwie schaffte, die Relativitätstheorie mit der Quantenmechanik zu kombinieren, so könnten in einer neuen Großtheorie Quanteneffekte vielleicht dafür sorgen, dass die Singularität verschwindet. Schließlich wird das Universum immer kleiner, je näher man an den Urknall heranrückt. Irgendwann muss es selbst so winzig sein, dass man es als Quantenobjekt beschreiben muss und es den Gesetzen der Quantenmechanik unterworfen ist. Wenn das so wäre, dann wäre die Singularität vielleicht keine Singularität, sondern aufgrund der Quantenunschärfen quasi »verschmiert«. Denn was in der Quantenmechanik für »Teilchen« gilt, gilt auch für die potenzielle Singularität. So wie ein Teilchen nicht exakt lokalisiert ist, sondern eben auch als Welle betrachtet werden kann, die sich an vielen Orten gleichzeitig befindet, wäre nun auch die Singularität kein einzelner Punkt mehr mit unendlich großer Dichte. Sondern etwas anderes – nur dass niemand so wirklich weiß, was das sein soll, weil es eine entsprechende »Quanten-Relativitätstheorie« noch nicht gibt.

Stephen Hawking betrat noch einen anderen Weg, um dieses Problem zu lösen. Gemeinsam mit dem amerikanischen Physiker James Hartle griff er auf eine Idee zurück, die ebenfalls aus der Quantenmechanik stammt, um sie dann jedoch weiterzuentwickeln. Das Konzept von Hawking und Hartle anschaulich zu beschreiben ist allerdings noch schwieriger als im Fall der Strahlung Schwarzer Löcher. Denn hier bekommen wir es mit »imaginärer Zeit« zu tun.

»Imaginäre Zeit« klingt wie etwas, das man sich einfach ausgedacht hat. Das »imaginär« bedeutet aber nicht, dass es sich bei dieser Zeit um etwas Irreales oder Erfundenes handelt. Sondern es bezieht sich auf die »imaginären Zahlen«, die es in der Mathematik schon sehr lange gibt. Das sind Zahlen, die grundsätzlich genauso funktionieren wie alle anderen Zahlen auch. Nur dass sie eben keine direkte Entsprechung in unserem Alltag haben. »Vier« kann man sich gut vorstellen, wenn man einfach an vier Objekte denkt. Vier Äpfel in einem Korb zum Beispiel. Wenn jeder dieser Äpfel einen Euro kostet, man aber nur drei Euro hat und nach dem Kauf einen Euro Schulden beim Verkäufer, kann man sich auch eine negative Zahl wie »–1« gut vorstellen. Bei imaginären

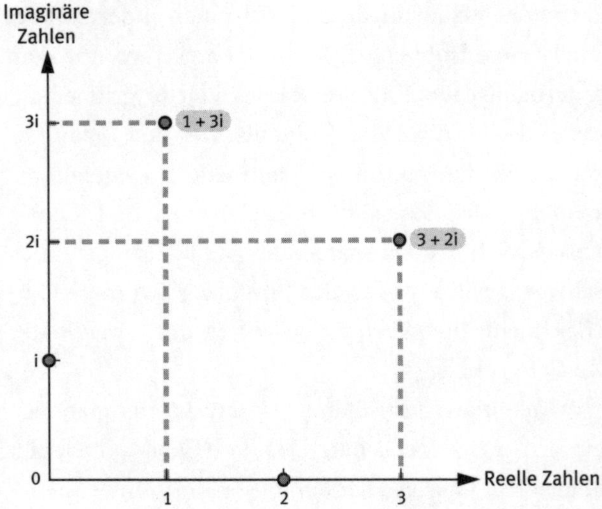

Zahlen geht das nicht mehr so gut. Sie sind definiert über die imaginäre Einheit i, die man aus der Wurzel aus der Zahl –1 erhält. Die Zahl i ist also eine Zahl, die mit sich selbst multipliziert –1 ergibt.

Wer mit solchen Zahlen noch nie zu tun hatte, ist von diesem Konzept oft ziemlich überrascht. Wir lernen zwar in der Schule, dass jede Zahl, egal ob positiv oder negativ, bei der Multiplikation mit sich selbst immer positiv wird, aber es hindert uns prinzipiell nichts daran, eine Zahl wie i zu definieren. Und dann kann man damit auch rechnen und Ausdrücke wie $4 \times i$ oder $5 + i$ oder 7 geteilt durch 3i etc. bilden. Es gibt auch bei den imaginären Zahlen ganz normale und verständliche Rechenregeln, und sie fügen sich nahtlos in das Gefüge der »normalen« Zahlen ein. Man kann sie sich allerdings nicht mehr anschaulich vorstellen und muss ihre Existenz schlicht und einfach akzeptieren.

Man kann irgendeine beliebige Zahl mit der imaginären Einheit multiplizieren und erhält als Ergebnis eine imaginäre Zahl. Ist die Zahl, mit der man arbeitet, eine, die die Zeit beschreibt, dann ist das Ergebnis dieser Rechnung eine imaginäre Zeit. Das klingt seltsam, ist aber in der Naturwissenschaft und Mathematik ein vollkommen üblicher Vorgang. In vielen Bereichen der Naturwissenschaft rechnet man mit imaginären Zahlen. Sie haben sich als äußerst praktisch bei der Beschreibung jeder Menge realer Phänomene herausgestellt.

Vor allem braucht man imaginäre Zahlen und eine imaginäre Zeit in vielen Berechnungen der Quantenmechanik. Manche Berechnungen lassen sich dort überhaupt nur dann durchführen, wenn eine imaginäre Zeit verwendet wird. Hawking und Hartle beschlossen, zu untersuchen, was eine imaginäre Zeit mit der Singularität des Urknalls anstellt. Das Universum wird – wie im ersten Kapitel beschrieben – seit Albert Einstein durch eine vierdimensionale Raumzeit beschrieben. Die setzt sich aus drei Raumdimensionen und einer Zeitdimension zusammen. Wenn man nun – und das haben Hawking und Hartle getan – statt der normalen Zeit eine imaginäre Zeit verwendet, wird aus der Raumzeit etwas, das man »euklidische Raumzeit« nennt.

Vereinfacht gesagt, sorgt die Multiplikation der Zeit mit der imaginären Einheit dafür, dass sich die Zeit nicht mehr wie Zeit verhält, sondern eher wie eine Richtung im Raum. Genauso, wie man im Raum etwa vorwärts und rückwärts gehen kann, könnte man in der imaginären Zeit nach Belieben vor und zurückgehen. Durch die Verwendung imaginärer Zahlen verschwindet der Unterschied zwischen Raum und Zeit, und das hat Auswirkungen auf die Singularität.

In der euklidischen Raumzeit gibt es keine Vergangenheit, in der alles zu einem einzigen Punkt zusammenfällt. Die Singularität ist verschwunden. Stattdessen beschreibt die imaginäre Raumzeit etwas, das man mit der Oberfläche der Erde vergleichen kann, auf der selbst Nord- oder Südpol nur ganz normale Punkte sind. Das Universum, in der Beschreibung von Hawking und Hartle, funktioniert genauso. Es ist wie die Oberfläche der Erde nicht unendlich groß, hat aber keine Grenzen. Der Kosmos hat keinen »Ursprung« in der Zeit. Es gibt einfach nur irgendwann einen Punkt, vor dem es keine Zeit mehr gibt. Und – auch wenn uns das kaum vorstellbar erscheint – auch keine sinnvolle Frage nach dem »davor«. Genauso wenig, wie es sinnvoll ist, zu fragen, was nördlich des Nordpols liegt, ist es unmöglich, eine sinnvoll definierte Frage nach dem »davor« einer euklidischen Raumzeit zu stellen.

Das Universum ruht also in sich selbst. Es wird komplett durch sich selbst bestimmt, es gibt kein »außerhalb« oder »davor«, es braucht nichts, was »vor« dem Urknall passiert ist, um alles zu starten, weil es ein »vor« dem Urknall nicht gibt. Raum und Zeit bilden eine einheitliche Fläche, die grenzenlos ist und doch keine Grenzen hat (Hawking und Hartle nannten ihre Idee daher auch das »no boundary proposal«; die »Keine-Grenzen-Hypothese«).

Das Universum *war* einfach, laut Hawking, ohne Zeit, wie wir sie kennen. Es war in der »imaginären Zeit«, wo es keine Singularität gibt. Transformiert man diesen Kosmos aber (mathematisch) zurück in die reale Zeit, dann *gab* es einen Anfang der Zeit, eben das, was wir als Urknall kennen und was mit unseren momentanen Theorien wie eine Singularität aussieht. Diese Singularität war aber eben kein besonderer Punkt – genauso wie der Nordpol der Erde einfach nur ein Punkt ist, aber keine Singularität, an der seltsame Dinge passieren. Oder etwas mathematischer ausgedrückt: Mit der neuen Methode war es möglich, den Zustand des Universums zu einer Zeit kurz nach seiner Entstehung zu berechnen, ohne sich darum kümmern zu müssen, was davor passiert ist – indem man anstatt der normalen die irrationale Zeit verwendete.

Hawking und Hartle haben sich ein zeitloses Universum ausgedacht, das trotz allem einen Anfang hat. Wundervoll! Wenn wir weit genug zurück in die Vergangenheit blicken und immer näher an den Moment des Urknalls herankommen, dann gibt es einen Punkt, an dem die Zeit – vereinfacht gesagt – verschwindet und zu Raum wird. In dieser imaginären Raumzeit hat das Universum keine Grenzen, und es gibt keine Zeit. Der Anfang unserer realen Zeit war vor 13,8 Milliarden Jahren und es war auch der Anfang von dem, was wir seitdem beobachten: der Anfang des expandierenden Universums, das immer größer und größer wird und sich so verhält, wie wir es beobachten und verstehen.

Man darf sich von solchen Veranschaulichungen aber nicht zu sehr vereinnahmen lassen. Wirklich verstehen kann man die Arbeit von Hawking und Hartle nur mathematisch und nicht anschaulich. Die Idee mit der imaginären Zeit ist vor allem ein »Rechentrick« (was nicht abwertend klingen soll und auch nicht so gemeint ist) und nicht die Beschreibung eines konkreten physikalischen Prozesses. Das Universum ist früher nicht *wirklich* mit imaginärer Zeit gelaufen. Hawking und Hartle haben eine mathematische Methode entwickelt, mit der man das Problem der Singularität beheben kann, das von der Allgemeinen Relativitätstheorie verursacht wird. Sie ist aber nur eine Hypothese, die sich auch nur schwer konkret überprüfen lässt. Was sich aus der Keine-Grenzen-Hypothese über den Zustand des realen Universums ablesen lässt, stimmt mit den Beobachtungen ein. Die Hypothese ist also zumindest noch nicht widerlegt, was durchaus ein gutes Zeichen ist. Aber daraus folgt noch lange nicht, dass sie das Universum tatsächlich korrekt beschreibt.

Niemand weiß, warum sich die Dinge so verhalten haben sollen, wie Hawking und Hartle es beschreiben. Wie Hawking selbst sagte, lässt sich diese Idee nicht aus irgendwelchen anderen physikalischen Prinzipien ableiten. Sie folgt nicht zwingend aus anderen, schon bestätigten Aussagen über den Kosmos. Es ist ein Vorschlag, der viele Fragen offen lässt. Wieso soll es zuerst nur Raum bzw. Raum mit imaginärer Zeit geben und dann auf einmal reale Zeit? Was bringt das Universum dazu, sich so zu verhalten?

Diese Fragen konnte Stephen Hawking zu Lebzeiten nicht beantworten. Aber er hat uns gezeigt, dass wir nicht fassungs- und ideenlos vor den ganz großen Fragen stehen bleiben müssen. Die Frage nach dem Ursprung der Schöpfung ist so groß und umfassend, dass wir uns ihr gegenüber fast schon zu ehrfürchtig verhalten und uns nicht trauen, uns auf die Suche nach Antworten zu begeben. Hawking hat demonstriert, dass wir unsere Gedanken nicht zu begrenzen brauchen. Wir können und sollen auch über Fragen nachdenken, die traditionell der Theologie überlassen wurden. Wir werden vielleicht keine definitiven Antworten finden (was die Religion ebenfalls nicht geschafft hat). Aber die Wissenschaft ist in der Lage, sich mit ihren Methoden auf die Suche nach solchen Antworten zu machen. Und wenn wir sie irgendwann finden sollten, dann wäre das, wie Stephen Hawking am Ende von »Eine kurze Geschichte der Zeit« schreibt, »der endgültige Triumph der menschlichen Vernunft – denn dann würden wir Gottes Plan kennen«.

EPILOG

Dieses Buch gibt einen Überblick über die Arbeit von Stephen Hawking. Aber er hat während seiner langen Karriere selbstverständlich noch viel mehr Themen bearbeitet als die, die ich vorgestellt habe. Ein so ergiebiges und einzigartiges wissenschaftliches Leben kann man in einem einzigen schmalen Buch nicht umfänglich beschreiben. Außerdem müsste es unvollendet bleiben. Als Stephen Hawking am 14. März 2018 (dem 139. Geburtstag von Albert Einstein) starb, hatte er viele Fragen beantwortet, aber mindestens ebenso viele Fragen für die kommenden Generationen übrig gelassen. Immer noch suchen Physikerinnen und Physiker auf der ganzen Welt nach der Vereinigung von Quantenmechanik und Relativitätstheorie, um – in der gleichen Hoffnung wie Hawking – damit endlich herausfinden zu können, was wirklich hinter den heute noch durch die Singularitäten verborgenen Phänomenen steckt. Die Wissenschaft ist um nichts weniger fasziniert von der Frage nach dem Anfang (und dem Davor), wie es Stephen Hawking war.

Stephen Hawking war ohne Zweifel ein genialer Wissenschaftler. Es wäre allerdings übertrieben, ihn in eine Reihe mit Forschern wie Isaac Newton oder Albert Einstein zu stellen. Hawking hat komplett neue und völlig überraschende Dinge über unser Universum herausgefunden, aber nicht – wie seine beiden Vorgänger – die komplette Naturwissenschaft revolutioniert. Aber auf einem anderen Gebiet war Hawking tatsächlich einzigartig: Er hat es wie kein anderer Wissenschaftler der Gegenwart oder der Vergangenheit verstanden, die zutiefst mathematischen und abstrakten Themen seiner Forschung in die Öffentlichkeit zu tragen.

Er schrieb nicht nur jede Menge allgemeinverständliche Bücher, die zu Bestsellern wurden, sondern trug die theoretische Physik weit hinaus in die popkulturelle Welt. Er schuf mit seiner Tochter eine erfolgreiche Kinderbuchserie mit wissenschaftlichen Inhalten. Er spielte sich selbst in der Fernsehserie »Raumschiff Enterprise – Das nächste Jahrhundert« (was außer ihm kein anderer je getan hat). Er hatte zahlreiche Gastauftritte in »Die Simpsons« und »Futurama«. Er trat in »The Big Bang Theory« auf, in einer Show von »Monty Python« und spricht auf dem Album »The Division Bell« von Pink Floyd. Über Hawking wurden Dokumentationsfilme gedreht, Fernsehfilme und ein Kinofilm, mit dem Eddie Redmayne, der Darsteller von Hawking, einen Golden Globe und einen Oscar gewann. Man kann ohne zu übertreiben sagen, dass Hawking der bekannteste Wissenschaftler des späten 20. sowie des frühen 21. Jahrhunderts war.

Hawking hatte erkannt, wie wichtig es ist, dass die Öffentlichkeit nicht völlig von der Wissenschaft abgekoppelt wird. Die beste Forschung ist nichts wert, wenn sie nicht kommuniziert wird. Und das gilt ganz besonders für abstrakte Grundlagenforschung, wie Stephen Hawking sie betrieb. Die Arbeiten über Schwarze Löcher, euklidische Raumzeiten oder den Urknall haben keine unmittelbaren Auswirkungen auf unseren Alltag. Durch sie werden unsere Handys nicht schneller werden, die Computer bekommen nicht mehr Speicherplatz, und man kann damit auch keine Krankheiten heilen. Hawking hat sich sein ganzes wissenschaftliches Leben mit dem genauen Gegenteil von praktischer, angewandter Forschung beschäftigt. Aber genau das war es, was seine Arbeit für so viele Menschen so faszinierend gemacht hat. Das

Wissen um Schwarze Löcher oder den Anfang des Universums ist genauso »praktisch« wie ein Konzert von Beethoven oder ein Bild von Leonardo da Vinci. Und es ist genauso wertvoll. Die abstrakte Welt der Quantenfelder, Singularitäten und Ereignishorizonte mag für alle bis auf eine Handvoll Wissenschaftlerinnen und Wissenschaftler so gut wie unverständlich sein. Aber sie berührt dennoch etwas, das tief in uns eine riesige Faszination ausübt. Denn es sind genau diese abstrakten Themen, die Antworten auf die großen Fragen versprechen. Es sind die mathematischen Universen, die Hinweise auf eine dem realen Kosmos zugrunde liegende fundamentale Ordnung geben.

Was uns Menschen zu Menschen macht, ist unser hemmungsloser Wissensdurst. Wir wollen die Welt verstehen, wir müssen die Welt verstehen. Egal ob es eine »Theorie von Allem«, eine Theorie, in der die Quantenmechanik mit der Relativitätstheorie vereint wird und die in der Lage ist, das Universum in seiner Gesamtheit verstehbar zu machen, tatsächlich gibt oder nicht: Wir werden nicht aufhören können, danach zu suchen.

Angesichts dieser gewaltigen Aufgabe kann man fast ein wenig den Mut verlieren. Vor allem, da sie in den letzten Jahrzehnten noch ein Stück gewaltiger geworden ist. Mittlerweile muss sich die theoretische Physik nicht mehr nur mit *einem* Universum herumschlagen. Alle Erkenntnisse deuten auf die Existenz eines »Multiversums« hin, von dem unser beobachtbarer Kosmos nur ein kleiner Teil ist. Aber gerade das sollte uns mit Stolz erfüllen, meint Hawking am Ende der englischen Neuauflage von »Eine kurze Geschichte der Zeit«: »Auch in den unermesslichen Weiten des Multiversums bleiben wir Menschen in gewisser Hinsicht bedeutsam: Wir können immer noch stolz darauf sein, einer Spezies anzugehören, die daran arbeitet, all das zu verstehen.«

Und es ist tatsächlich höchst beeindruckend, dass wir Menschen in der Lage sind, solche Gedanken zu entwickeln. Dass das Universum (oder Multiversum) in seiner unvorstellbaren Größe und Komplexität in unserem Kopf Platz findet und von uns untersucht und – vorerst zumindest zum Teil – verstanden werden kann.

Ob sich die Vision von Stephen Hawking und all seiner ehemaligen, gegenwärtigen und zukünftigen Mitstreiter auf der Suche nach der fundamentalen Beschreibung des Universums irgendwann erfüllen wird, ist ungewiss. Aber wenn wir irgendwann eine »Theorie von Allem« finden, dann sollte sie auch eine

»Theorie für Alle« sein. Genau das sind die Worte, mit denen Hawking zu dem schon im letzten Kapitel zitierten Schlussabsatz von »Eine kurze Geschichte der Zeit« hinführt, den man deswegen auch komplett zitieren und nicht nur auf die provokante Aussage über »Gottes Plan« reduzieren sollte.

Hawking spricht von der großen Spezialisierung, die die Naturwissenschaften in den letzten Jahrzehnten und Jahrhunderten erfahren haben. Heute kann ein einzelner Mensch kaum mehr den Überblick über alle Ergebnisse der Forschung behalten. Noch schwieriger ist es, diese Forschung allgemeinverständlich für die Öffentlichkeit zu erklären. Die Wissenschaft schreitet viel zu schnell voran, als dass eine populärwissenschaftliche Erklärung genug Zeit hätte, tief in die Köpfe der Leser von Zeitschriften oder Büchern einzudringen – und kaum jemand hat die Zeit und die Muße, all das entsprechend aufzubereiten, was etwa die Astrophysik Tag für Tag entdeckt.

»Wenn wir jedoch eine vollständige Theorie entdecken, dürfte sie nach einer gewissen Zeit in ihren Grundzügen für jedermann verständlich sein, nicht nur für eine Handvoll Spezialisten. Dann werden wir uns alle – Philosophen, Naturwissenschaftler und Laien – mit der Frage auseinandersetzen können, warum es uns und das Universum gibt. Wenn wir die Antwort auf diese Frage finden würden, wäre das der endgültige Triumph der menschlichen Vernunft, denn dann würden wir Gottes Plan kennen.« So lautet der gesamte Absatz bei Hawking.

Noch haben wir diese vollständige Theorie nicht entdeckt. Aber angesichts der Bedeutung dieser Suche können wir eigentlich nicht verlieren. Selbst im Scheitern werden wir triumphale Entdeckungen machen und den Kosmos mit völlig neuen Augen sehen.

LEKTÜRETIPPS IN DER NUSSSCHALE

Bücher von Stephen Hawking

Eine kurze Geschichte der Zeit, Reinbek bei Hamburg 1988, Neuauflage 2018 (*A Brief History of Time*, London 1988).

Das Buch, mit dem Stephen Hawking einer breiten Öffentlichkeit bekannt geworden ist. Es liest sich noch genau so faszinierend wie damals. Wenn man es sich heute zu Gemüte führen möchte, sollte man aber zu einer der erweiterten Neuausgaben greifen, in denen Hawking auch die vielen neuen Entdeckungen berücksichtigt, die seit 1988 in der Kosmologie gemacht wurden.

Einsteins Traum. Expeditionen an die Grenzen der Raumzeit, Reinbek bei Hamburg 1993 (*Black Holes and Baby Universes and Other Essays*, New York 1993).

Dieses Buch enthält 12 Aufsätze, die zwischen 1976 und 1992 verfasst worden sind. Ein Teil davon entstammt Vorlesungen von Stephen Hawking, für deren Verständnis ein wenig wissenschaftliches Hintergrundwissen notwendig ist. Ein anderer Teil beschäftigt sich mit Hawkings Privatleben und seiner Erkrankung.

Raum und Zeit, Reinbek bei Hamburg 1998
(*The Nature of Space and Time*, Princeton, New York 1996).
Dieses Buch hat Stephen Hawking gemeinsam mit dem Physiker Roger Penrose verfasst. Es zeichnet eine Diskussion zwischen Hawking und Penrose zur Physik und zur Philosophie der Physik nach, die sich mit der grundlegenden Natur von Raum und Zeit befasst. Ohne wissenschaftliches Vorwissen ist das Buch aber nur bedingt verständlich.

Das Universum in der Nussschale, Hamburg 2001
(*The Universe in a Nutshell*, London 2001).
Das Universum in der Nussschale ist eigentlich das zweite populärwissenschaftliche Buch von Stephen Hawking. Auch hier geht es um Kosmologie. Diesmal konzentriert sich Hawking aber nicht mehr so sehr auf die Schwarzen Löcher, sondern auf die Natur der Zeit, erläutert die Stringtheorie und ihr Potenzial, Quantenmechanik und Relativitätstheorie zu vereinen, und beschäftigt sich mit der Frage von Zeitreisen.

Die kürzeste Geschichte der Zeit, Reinbek bei Hamburg 2005 (*A Briefer History of Time*, New York 2005).
Gemeinsam mit dem Physiker Leonard Mlodinow ge-

schrieben ist dieses Buch quasi eine Fortsetzung von *Eine kurze Geschichte der Zeit*. Mehr als 15 Jahre nach seinem ersten Bestseller werden die Geschichten über Urknall, Schwarze Löcher und Stringtheorie aktualisiert und neu dargestellt.

Giganten des Wissens. Eine bebilderte Reise in die Welt der Physik, Augsburg 2005 (*On the Shoulders of Giants. The Great Works of Physics and Astronomy*, Philadelphia 2002).

In diesem Buch stellt Hawking seine Vorgänger vor und schreibt kurze Biografien über Nikolaus Kopernikus, Galileo Galilei, Johannes Kepler, Isaac Newton und Albert Einstein.

Der große Entwurf. Eine neue Erklärung des Universums, Reinbek bei Hamburg 2010 (*The Grand Design*, London 2010).

Gemeinsam mit Leonard Mlodinow beschreibt Hawking in diesem Buch die Suche nach der »Weltformel«, also einer Theorie, die Quantenmechanik und Relativitätstheorie vereint. Nach einer verständlichen Grundlage dieser beiden Theorien stellen die Autoren einen Entwurf vor, wie das Universum und seine Entstehung beschrieben werden kann, ohne auf religiöse Konzepte zurückgreifen zu müssen. Hawking stellt hier sein »Universum ohne Grenzen« aus *Eine kurze Geschichte der Zeit* etwas genauer vor.

Meine kurze Geschichte, Reinbek bei Hamburg 2013 (*My Brief History*, New York 2013).

In diesem Buch erzählt Hawking von seiner Kindheit, Jugend und Studienzeit an der Universität Cambridge. Von seiner ALS-Diagnose und dem Umgang mit seiner Krankheit. Das Buch ist kurz, bietet aber einen faszinierenden Einblick in Hawkings Leben.

Haben Schwarze Löcher keine Haare? Zwei Vorträge, Reinbek bei Hamburg 2017.

Dieses Buch umfasst die Transkription zweier Vorträge von Hawking zu Schwarzen Löchern. Die eher wissenschaftlich gehaltenen Ausführungen von Hawking werden durch ausführliche Kommentare des Wissenschaftsjournalisten David Shukman verständlich gemacht.

Eine wunderbare Zeit zu leben, Reinbek bei Hamburg 2017.

Zu Stephen Hawkings 75. Geburtstag erschien dieses Buch, das verschiedene Texte aus seiner Feder neu zusammengestellt hat. Es gibt einen Überblick über sein Leben, aber auch seine wissenschaftliche Arbeit. Ein guter Einstieg, wenn man bisher noch nichts von Stephen Hawking gelesen hat.

Kurze Antworten auf große Fragen, Stuttgart 2018.

In diesem posthum erschienenen Buch werden Texte von Hawking gesammelt, die sich mit einigen der großen und faszinierenden Fragen der Menschheit beschäftigen. Von »Existiert Gott?« über »Warum gibt es uns Menschen?« bis hin zu »Können wir den Weltraum bevölkern?« erklärt Hawking ein letztes Mal das Universum.

Kinderbücher von Stephen Hawking

Gemeinsam mit seiner Tochter Lucy Hawking hat Stephen Hawking eine Reihe von Kinderbüchern veröffentlicht. Darin geht es um die Nachbarskinder George und Annie sowie Annies Vater, einen Wissenschaftler, und dessen Supercomputer »Cosmos«, der den Kindern einen Blick auf die Geheimnisse des Universums eröffnet. Mit Cosmos lernen George und Annie das Sonnensystem und das Universum, die Quantenmechanik und die Relativitätstheorie, den Urknall und Schwarze Löcher und jede Menge mehr Phänomene und Theoreme aus der Naturwissenschaft kennen. Allerdings müssen sie den Supercomputer auch gegen Graham Reeper verteidigen, der Cosmos für seine eigenen, düsteren Machenschaften verwenden will.

Die fünf Bände der Serie enthalten anspruchsvolle Wissenschaft, die dank der spannenden Handlung und der guten Veranschaulichungen für Kinder verständlich sind:

Band 1: *Der geheime Schlüssel zum Universum*, München 2007 (*George's Secret Key to the Universe*, New York 2007).
Band 2: *Die unglaubliche Reise ins Universum*, München 2009 (*George's Cosmic Treasure Hunt*, New York 2009).
Band 3: *Zurück zum Urknall. Die große Verschwörung*, München 2011 (*George and the Big Bang*, New York 2011).
Band 4: *George and the Unbreakable Code*, New York 2015.
Band 5: *George and the Blue Moon*, New York 2017.

Bücher über Stephen Hawking, eine Auswahl

Einen sehr interessanten Einblick in Hawkings Leben aus einem anderen Blickwinkel bietet *Die Liebe hat elf Dimensionen. Mein Leben mit Stephen Hawking,* München 2013 (*Travelling to Infinity. My Life with Stephen,* Richmond 2007) von Jane Hawking. Seine erste Ehefrau, die 30 Jahre mit Stephen Hawking verheiratet war, erzählt die Geschichte von Hawkings Leben. Das Buch bildete die Grundlage für den mit einem Oscar und zwei Golden Globes ausgezeichneten Film »Die Entdeckung der Unendlichkeit« aus dem Jahr 2014.

Von all den vielen populärwissenschaftlichen Büchern, die sich die Erklärung von Hawkings Wissenschaft zum Ziel gesetzt haben, seien exemplarisch noch drei Werke desselben Autors vor allem wegen ihrer Ausführlichkeit erwähnt.

Rüdiger Vaas, *Hawkings neues Universum. Wie es zum Urknall kam,* Stuttgart 2008.

Rüdiger Vaas, *Tunnel durch Raum und Zeit. Von Einstein zu Hawking. Schwarze Löcher, Zeitreisen und Überlichtgeschwindigkeit,* Stuttgart 2005.

Rüdiger Vaas, *Einfach Hawking! Geniale Gedanken schwerelos verständlich,* Stuttgart 2016.

REGISTER

FLORIAN FREISTETTER, geboren 1977, hat an der Universität Wien Astronomie studiert. 2008 rief er das Astronomie-Blog Astrodicticum simplex ins Leben, das zu den meistgelesenen Wissenschaftsblogs in deutscher Sprache gehört. Bei Hanser erschienen »Der Komet im Cocktailglas« (2013), ausgezeichnet mit dem Preis »Wissenschaftsbuch des Jahres 2014«, und »Die Neuentdeckung des Himmels« (2014), »Wissensbuch des Jahres« in der Kategorie Publikumswahl, sowie »Asteroid Now« (2015). 2015 wurde er festes Mitglied der Wissenschaftskabarettgruppe Science Busters. Seit 2016 erscheint in Spektrum der Wissenschaft seine Kolumne »Freistetters Formelwelt«.